Melanie Gohl-Kiechle

Hundepflege

Melanie Gohl-Kiechle

Hundepflege

Grooming –

professionelle Fellpflege für Hunde

2., aktualisierte Auflage

Oertel+Spörer

Bildnachweis

Titelbild: Melanie Gohl-Kiechle

Innenteilbilder: Anna Auerbach S. 87; Arco Images J. de Meester S. 87; Arco Images C. Steimer S. 105; Arco Images P. Wegner S. 121, 155; Ina Denda S. 57; Lindsey Dicken S. 77; Melanie Gohl-Kiechle S. 8, 23 o.r., 52, 69, 70(2), 72, 74(2), 168 r.; Photo Roberto S. 59, 62, 66, 80, 83, 90, 93, 96, 98 o., 103, 107, 110, 114, 117, 119, 123, 125, 129, 131, 134, 136, 138, 142, 145, 148, 150, 153, 158(2), 161, 168 l., 167(2), 173, 175, 179, 183, 186, 192, 195, 198, 202, 205; Janet Schön S. 85; Andreas Trächslin S. 189

Alle anderen Bilder von Dr. Gabriele Lehari

Grafiken: Sabine Drobik

Haftungsausschluss

Die Hinweise in diesem Buch wurden von der Autorin sorgfältig recherchiert und geprüft. Es können jedoch keinerlei Garantien übernommen werden. Eine Haftung der Autorin, des Verlags und seiner Beauftragten für Personen-, Sach- und Vermögensschäden ist ausgeschlossen.

Bibliografische Information der Deutschen Nationalbibliothek

Die Deutsche Nationalbibliothek verzeichnet diese Publikation in der Deutschen Nationalbibliografie; detaillierte bibliografische Daten sind im Internet über http://dnb.d-nb.de abrufbar.

2., aktualisierte Auflage 2024

Postfach 16 42 · 72706 Reutlingen

Lektorat: Dr. Gabriele Lehari

DTP und Repro: raff digital gmbh, Riederich

Druck und Einband: FINIDR, s.r.o., Tschechische Republik

ISBN 978-3-96555-001-8

Inhalt

Zu diesem Buch

Wir freuen uns, Ihnen heute die 2. Auflage unseres Buches über die Hundepflege von Melanie Gohl-Kiechle vorlegen zu können. Seit 30 Jahren betreibt sie den Hundesalon Fino in Nagold und bietet die Ausbildung für alle an, die selbst das richtige Grooming erlernen möchten.

Im Bereich der Hundepflege hat sich in den letzten Jahrzehnten viel getan. Die Methoden haben sich geändert. Die Geräte des Groomers sind mittlerweile so vielseitig und technisch verbessert, dass es für jede Fellbeschaffenheit und jede Art der Schur oder des Trimmens geeignetes Werkzeug gibt. Auch die Art der „Frisuren" und die Ansprüche der Hundehalter an ihre Vierbeiner haben sich verändert. Sogar in den Standards mancher Hunderassen hat sich die Vorgabe bezüglich Fellbeschaffenheit, Farbe oder Fellpflege geändert. Aber auch das Tierschutzgesetz hat seit seiner neuesten Fassung von 2022 Einfluss genommen auf die Tätigkeit der Groomer (siehe Kasten). Somit mussten in dieser 2. Auflage einige Änderungen im Buch vorgenommen werden, sodass Sie auch weiterhin mit dem Standardwerk der zeitgemäßen Hundepflege auf dem aktuellen Stand sind.

Ihr Oertel+Spörer-Verlagsteam

Wichtig!

Auszug aus dem TierSchG, Fassung vom 20.12.2022:

„§ 6 (1) Verboten ist das vollständige oder teilweise Amputieren von Körperteilen oder das vollständige oder teilweise Entnehmen oder Zerstören von Organen oder Geweben eines Wirbeltieres."

Seit 2022 fällt unter diesen § 6 nicht nur – wie schon seit Jahren – das ***Kupieren von Ohren und Rute und das Entfernen der Afterkrallen, sondern ebenso das Entfernen der Vibrissen****, auch wenn dies nur eine vorübergehende Amputation ist. Somit darf die Schur rund um den Fang, wie sie früher vor allem beim Pudel und ähnlichen Rassen erfolgte, nicht mehr durchgeführt werden. Hundesalons und Privatpersonen ist es gesetzlich untersagt, die Vibrissen zu kürzen oder zu entfernen! Ebenso dürfen Hunde, denen ein Körperteil ganz oder teilweise amputiert wurde, nicht an Hundeausstellungen und häufig auch nicht an anderen Hundeveranstaltungen wie z. B. Sportwettkämpfen teilnehmen.*

Nur wenn eine medizinische Indikation vorliegt, dürfen Veterinärmediziner solche Eingriffe vornehmen und müssen eine entsprechende Bescheinigung für den Hundehalter ausstellen.

Vorwort

Dieses Buch ist für alle gedacht, die sich intensiv mit der Hundepflege (in der Fachsprache auch Grooming genannt) und speziell mit der Fellpflege beschäftigen möchten. Hierzu gehören alle Hundepfleger und solche, die es werden wollen, aber auch alle Hundebesitzer, die ihren vierbeinigen Freund selbst richtig pflegen möchten.

Die Liebe zum Tier und die Begeisterung für alles, was „Hund" ist, hat Sie veranlasst, sich für dieses Buch zu interessieren. Hundepflege ist eine schöne Arbeit und ich muss nach 30-jähriger Tätigkeit in diesem Bereich sagen: Ich möchte nichts anderes tun. Aber trotzdem oder gerade deshalb möchte ich doch warnen! Sie stehen vor einer verantwortungsvollen Aufgabe und bevor Sie sich für diesen Beruf entscheiden (das Wort Beruf kommt von Berufung), sollten Sie folgende Fragen ganz klar mit einem „Ja" beantworten können:

Wollen Sie eine Tätigkeit ausüben, die Ihnen Freude bereitet, und geht es Ihnen nicht nur darum, das große Geld zu verdienen?
Verfügen Sie über genügend Geduld und Selbstbeherrschung, um Verständnis auch für ein Tier zu haben, das nicht nur „goldig", sondern vielleicht renitent oder gar aggressiv ist?
Glauben Sie, dass Sie einem unerfahrenen Junghund, der zum ersten Mal zu Ihnen in den Salon kommt, oder einem alten, gebrechlichen Tier das Gefühl des Vertrauens vermitteln können, weil Sie Ihre Arbeit als Aufgabe betrachten?
Sind Sie bereit, auch einmal Ihre eingeplante Freizeit für einen schwierigen Hund zu opfern, und können Sie zuhören, wenn ein Hundebesitzer mit Ihnen über sein Liebstes sprechen möchte?
Sollten Sie interessiert sein, Ausstellungshunde zu „groomen", ist es empfehlenswert, regelmäßig Zuchtschauen und Grooming-Meisterschaften zu besuchen, um stets auf dem Laufenden zu bleiben. Sind Sie auch dazu bereit?

Wenn Sie nach Beantwortung dieser Fragen immer noch der Meinung sind, Sie möchten freudig ein guter Hundepfleger werden, will ich mit diesem Buch versuchen, Sie in einen der schönsten Berufe der Welt einzuführen. Wer seine Arbeit mit Freude tut, wird Erfolg haben. Aber auch wenn Sie als Hundebesitzer nur Ihren eigenen Vierbeiner selbst pflegen möchten, bietet Ihnen dieses Buch eine fachgerechte Anleitung und ist eine wertvolle Hilfe.
Ihr Hund ist ein Familienmitglied und da er in der Familie lebt, soll er auch sauber und gepflegt sein. Daher sollten Sie Ihren Hund grundsätzlich mit dem besten Shampoo baden, das Sie auftreiben können. Was den Fellschnitt betrifft, müssen Sie sich nicht

immer streng nach dem Standard richten. Wichtig ist, dass das Aussehen des Hundes seinem Besitzer gefällt. Deshalb darf man dem Pudel ruhig mal einen dicken Bart stehen lassen oder dem Yorkie einen sogenannten „Pet-Clip“ (nach Kundenwunsch, sportlich kürzer und pflegeleichter) verpassen – vorausgesetzt, der Hund wird nicht ausgestellt. Bei Ausstellern und Züchtern werden die Arbeitsanweisungen sicherlich manchmal auch auf Widerstand stoßen. Züchter rauhaariger Rassen werden Zeter und Mordio schreien, wenn sie etwa lesen: „Vor dem Bad – nach dem Bad“, denn es gibt immer noch Verfechter der These: Terrier oder Schnauzer dürfen nicht gebadet werden, weil das Haar zu weich wird, und Jagdhunde sollen durch das Baden angeblich den Geruchssinn verlieren, was natürlich völliger Quatsch ist.

Das alles sehen wir nicht so eng, denn der interessierte Laie kann alles tun, um nach der Arbeit, die ja sein Hobby ist, sagen zu können: „So schön war mein Hund noch nie!“ Ich wünsche allen, die sich für dieses Buch entschieden haben, gutes Gelingen und viel Freude und Erfolg an der Arbeit.

Melanie Gohl-Kiechle

Die Autorin mit ihrer Tochter und den vierbeinigen Familienmitgliedern.

Allgemeiner Teil

Wer sich intensiv mit der Hundepflege beschäftigen möchte, muss natürlich auch gewisse Grundkenntnisse über den Körperbau, die Gesundheit und die verschiedenen Methoden für die Fell- und Körperpflege besitzen. Im Folgenden werden die wichtigsten Informationen kurz zusammengefasst.

Anatomie des Hundes

Voraussetzung für das Verstehen der in diesem Buch beschriebenen Arbeitsanweisungen ist die Kenntnis der Anatomie des Hundes sowie der Fachausdrücke, die in der Hundepflege allgemein gebräuchlich sind. (Einen Überblick über alle in dem Buch vorkommenden Fachbegriffe finden Sie noch einmal zusammengefasst in unserem Glossar auf Seite 33f.)

So sollten Sie z. B. wissen, dass jeder Hund eine **Topline** (obere Linie) und eine **Underline** (untere Linie) hat. Die Topline geht vom Hinterhauptstachel bis zum Rutenansatz. Die Underline reicht von oberhalb des Ellenbogens (auch tiefste Stelle der Brust) bis zum Knie.
Den höchsten Punkt der unteren Linie des Hundes bezeichnet der Groomer als **Tuck-Up**. Mit diesem wichtigen Punkt ist es möglich, den Hund optisch zu verkürzen oder zu verlängern, aber auch höher oder niedriger wirken zu lassen. Im besten Fall sollte der Tuck-Up unter der letzten Rippe gesetzt werden und immer rund sein.
Der sogenannte **Teller** bezeichnet den 45°-Winkel vom Ballen zum Sprunggelenkt des Hinterbeins. Der **Stopp** ist der Absatz vom Nasenrücken zum Stirnbein. Der **Widerrist** ist der Punkt, an dem die Größe eines Hundes gemessen wird.
Wenn Sie sich eine Zeit damit beschäftigt haben, wird es Ihnen sicherlich leichtfallen, die einzelnen Fachausdrücke der Anatomie des Hundes zuzuordnen.

Die folgende Zeichnung gibt einen Überblick der einzelnen Körperteile, anhand derer Sie sich mit den verschiedenen Bezeichnungen, die in den Anleitungen für die Hundepflege immer wieder verwendet werden, vertraut machen können.

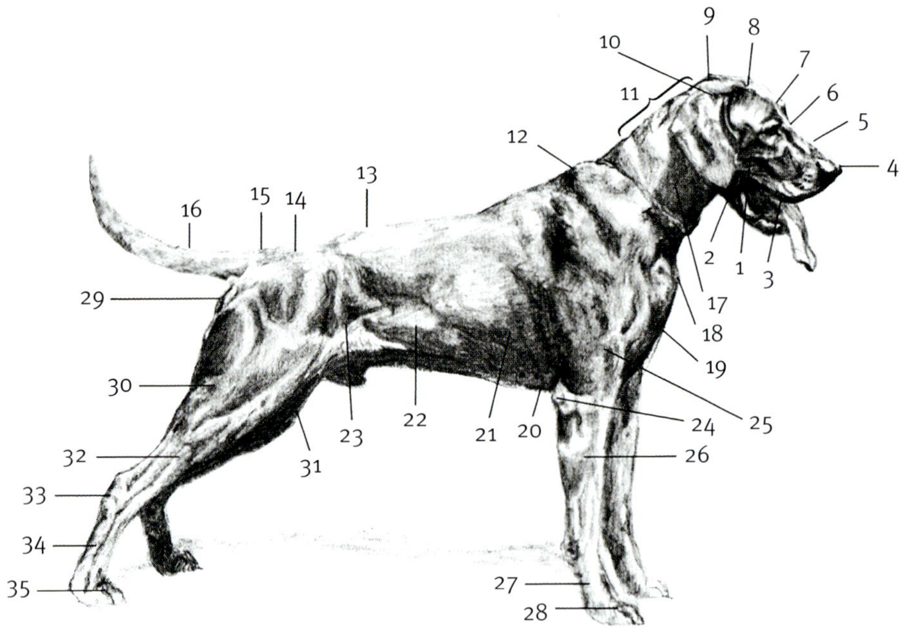

Bei einem kurzhaarigen Hund lassen sich die einzelnen Körperlinien am besten erkennen.

1 Wange
2 Lippenwinkel
3 Lefze
4 Nasenspiegel
5 Nasenrücken
6 Stopp
7 Stirnbein
8 Oberkopf
9 Hinterhauptstachel
10 Ohransatz
11 Nacken
12 Widerrist
13 Rücken
14 Kruppe
15 Rutenansatz
16 Rute
17 Hals
18 Brustbeinspitze
19 Vorbrust
20 Unterbrust
21 seitliche Brust
22 Unterbauch
23 Flanke
24 Ellenbogengelenk
25 Oberarm
26 Unterarm
27 Vordermittelfuß
28 Vorderpfote
29 Sitzbeinhöcker
30 Oberschenkel
31 Kniegelenk
32 Unterschenkel
33 Sprunggelenk
34 Hintermittelfuß
35 Hinterpfote

Gebiss und Zähne des Hundes

Auch die Beschaffenheit des Gebisses wird laut Standard festgelegt, wobei es zwischen verschiedenen Rassen gewisse Unterschiede geben kann. Die meisten Hunde müssen ein korrektes **Scherengebiss** besitzen, wogegen es z. B. auch Rassen gibt, bei denen ein **Vorbiss** gestattet oder sogar erwünscht ist.

Schädel

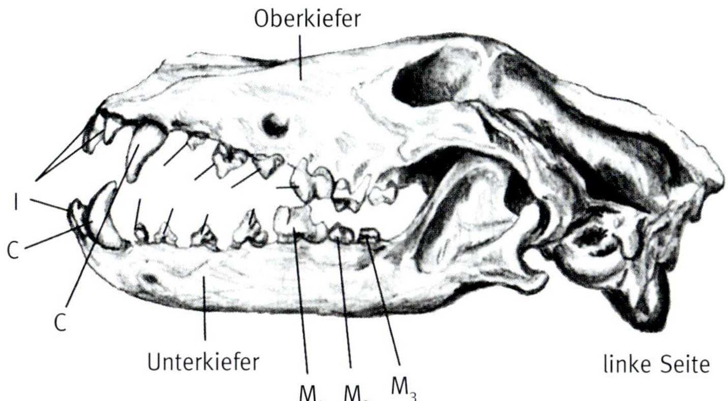

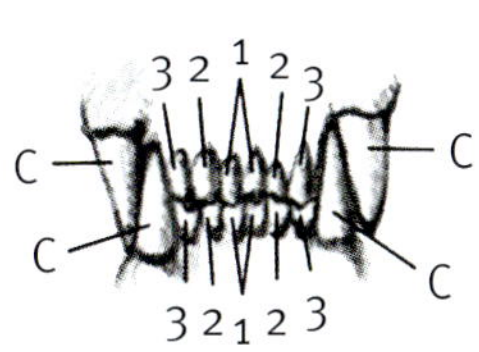

Gebiss von vorn

korrektes Scherengebiss (schematisiert)

Das normale Hundegebiss besteht aus 42 Zähnen. Im Oberkiefer befinden sich nur 20 Zähne, im Unterkiefer dagegen 22 Zähne, da es hier auf jeder Seite einen Backenzahn mehr gibt. Man unterscheidet die **Schneidezähne** von den **Eckzähnen**, den **Vorbackenzähnen (Prämolaren)** und den **Backenzähnen (Molaren)**.
Das Milchgebiss des Junghundes weist nur 28 Zähne auf, weil die hinteren Backenzähne noch fehlen.
In der folgenden Tabelle ist die internationale, zoologische und in Hundefachkreisen übliche Benennung der Zähne aufgelistet.

Internationale Bezeichnung	**Zoologische Bezeichnung**	**Bezeichnung in Hundefachkreisen**
Oberkiefer		
Incisivus 1	innerer Schneidezahn	Zange
Incisivus 2	mittlerer Schneidezahn	Mittelzahn
Incisivus 3	äußerer Schneidezahn	Eckzahn
Caninus	Eckzahn	Haken- oder Fangzahn
Prämolar 1	vorderer Lückenzahn	Prämolar 1
Prämolar 2	zweiter Lückenzahn	Prämolar 2
Prämolar 3	dritter Lückenzahn	Prämolar 3
Prämolar 4	vierter Lückenzahn oder Reißzahn	Prämolar 4 oder Reißzahn
Molar 1	erster Backenzahn	erster Backenzahn
Molar 2	zweiter Backenzahn	zweiter Backenzahn
Unterkiefer		
Incisivus 1	innerer Schneidezahn	Zange
Incisivus 2	mittlerer Schneidezahn	Mittelzahn
Incisivus 3	äußerer Schneidezahn	Eckzahn
Caninus	Eckzahn	Haken- oder Fangzahn
Prämolar 1	vorderer Lückenzahn	Prämolar 1
Prämolar 2	zweiter Lückenzahn	Prämolar 2
Prämolar 3	dritter Lückenzahn	Prämolar 3
Prämolar 4	vierter Lückenzahn	Prämolar 4
Molar 1	erster Backenzahn oder Reißzahn	erster Backenzahn oder Reißzahn
Molar 2	zweiter Backenzahn	zweiter Backenzahn
Molar 3	dritter Backenzahn	dritter Backenzahn

Aufgrund der Bezeichnung der einzelnen Zähne ergibt sich folgende Zahnformel für eine Schädelhälfte:

	I	C	P	M
Oberkiefer	1 2 3	1	1 2 3 4	1 2
Unterkiefer	1 2 3	1	1 2 3 4	1 2 3

Gesundheitspflege

Bevor Sie sich der Schönheitspflege widmen, sollten Sie sich zunächst mit der Gesundheitspflege auseinandersetzen, denn nur ein gesunder Hund kann wirklich schön sein. So manche Schönheitsfehler lassen sich im Rahmen des richtigen Pflegeprogramms beheben, aber bitte experimentieren Sie nicht an dem Vierbeiner herum! Im Zweifelsfall sollten Sie immer den Besitzer darauf hinweisen, dass er den Tierarzt aufsuchen soll, um mögliche Probleme mit Ohren, Augen, Zähnen usw. abklären zu lassen.

Die Ohren

Die Ohren beim Hund sollten alle ein bis zwei Wochen kontrolliert werden. Sehen sie sauber aus, müssen sie nicht gereinigt werden. Besonders bei Stehohren ist nur selten eine Ohrenpflege notwendig. Bei Kipp- oder Schlappohren kann es schon eher vorkommen, dass sich Dreck und Krankheitserreger durch die etwas schlechtere Belüftung ansiedeln können. Vorbeugend reinigt man die Ohren mit einem weichen, eventuell leicht angefeuchteten Wattepad.

Bei schmutzigen und zu stark behaarten Ohren nutzt man ein spezielles Ohr-Puder (Abb. 1 siehe nächste Seite) um die Haare mit den Fingern, einer Ohrpinzette (Abb. 2) oder Arterienklemme besser wegzupfen zu können. Danach reinigt man das Ohr mit einem speziellen Ohrenreiniger (Abb. 3). Diesen träufelt man in das Ohr und massiert unterhalb der Öffnung des Gehörganges von unten nach oben. So lösen sich Verschmutzungen und lassen sich dann mit dem Wattepad vorsichtig auswischen (Abb. 4).

Das Ohr darf nur so weit gereinigt werden, wie man mit dem Finger kommt. Bitte keine Wattestäbchen verwenden, da hierdurch der Gehörgang und das Innere des Ohrs schnell verletzt werden können und der Schmutz noch weiter nach unten geschoben wird.

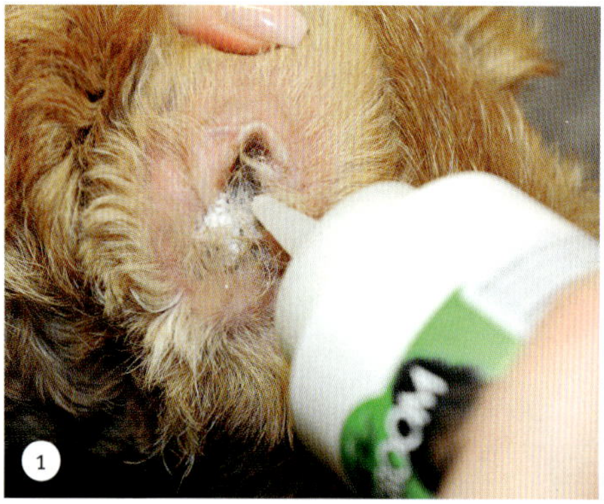

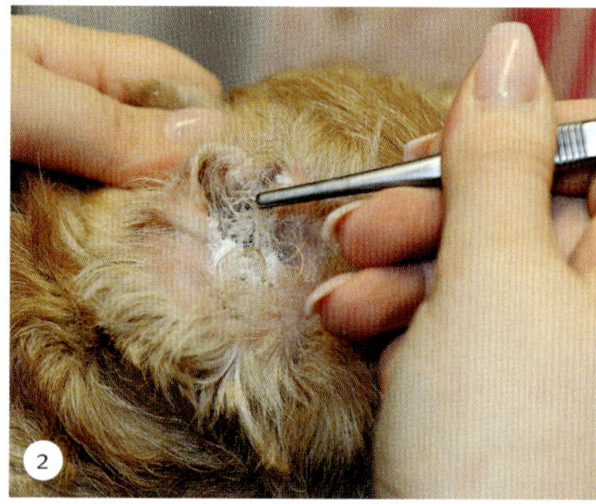

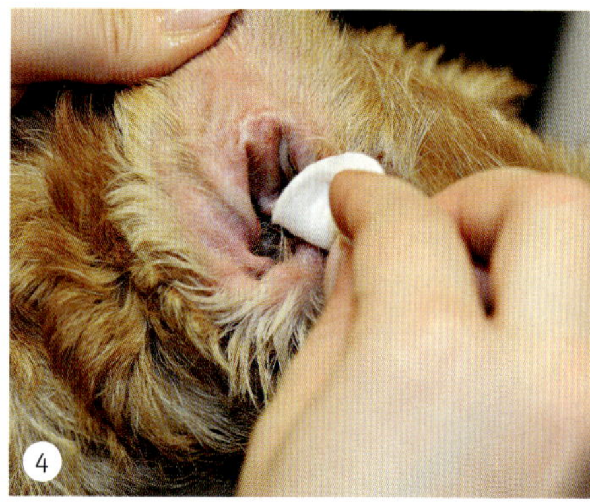

Die Augen

Es gibt einige Rassen, bei denen man die Augen mit besonderer Sorgfalt pflegen muss. Besonders Hunde mit etwas vorstehenden (prominenten) runden Augen sind für Infektionen prädestiniert.

Aber auch bei anderer Rassen kann es sinnvoll sein, die Augen täglich etwas zu säubern. In der Regel reicht das Auswischen der Augenwinkel mit einem feuchten Tuch oder einem Wattepad (es darf nicht fusseln!) am Morgen aus. Auch nach Spaziergängen ist das Auswischen der Augen besonders bei kleineren Hunden zu empfehlen, weil sich bei ihnen schneller viel Staub im Augenbereich ablagert.

Bitte verwenden Sie bei der Augenpflege für den Hund nie Borwasser oder Kamille, wie es bei Menschen üblich ist, da diese Flüssigkeiten das Hundeauge reizen. Am besten geeignet ist dafür lauwarmes Wasser oder ein spezieller Augenreiniger. Das Auge wird dann vom äußeren zum inneren Augenwinkel hin ausgewaschen.

Wird das Auge nicht entsprechend gepflegt, bildet sich unter dem inneren Augenwinkel häufig eine Verkrustung, entstanden aus Tränensekret und Schmutz. Das kann so schlimm sein, dass die Haut unter der Verkrustung offen ist. Das verhärtete Sekret wird

Bei weißen Hunden treten oft braune Verfärbungen unter den Augen und an der Schnauze auf.

mit Tupfer und lauwarmem Wasser aufgeweicht und lässt sich dann vorsichtig ablösen. Sollte der Augapfel gerötet sein oder die Iris getrübt erscheinen, suchen Sie bitte den Tierarzt auf.

Sogenannte Tränensteinspuren können oft braune Flecken auf den unter den Augen liegenden Haaren verursachen. Sie lassen sich mit einem im Handel erhältlichen speziellen Augenpflegeprodukt, das statt lauwarmem Wasser verwendet wird, behandeln.

Bei ständig tränenden Augen muss aber zunächst die Ursache geklärt werden. Da verschiedene Erkrankungen Auslöser für die Tränensteinspuren sein können, sollte der Tierarzt auf alle Fälle aufgesucht werden. Zu den Ursachen können gehören die Konjunktivitis follicularis (Follikelkatarrh, Gries auf der Nickhaut), die zu einer chronischen Bindehautentzündung führt, oder eine Verengung des Tränennasenkanals. Beides ist nur durch einen chirurgischen Eingriff zu beheben.

Zähne und Zahnfleisch

Das Zähneputzen ist beim Hund genauso wichtig wie bei uns und ein Hund gewöhnt sich schnell daran, wenn der Besitzer es konsequent mit ihm übt. Bei jedem Besuch im Hundesalon oder wenn man selbst das Grooming durchführt, sollte das Gebiss kontrolliert werden (Abb. 1).

In kurzen, regelmäßigen Abständen werden die Zähne mithilfe einer Zahnbürste und eines im Fachgeschäft erhältlichen Mittels (Zahnpasta für Hunde) gereinigt. Beliebt ist auch die Behandlung mit einer Ultraschallzahnbürste wie z.B. Emmi Pet. Dies ist eine Dienstleistung, die kaum angeboten, von den Hundebesitzern jedoch begeistert angenommen wird. Natürlich kann auch jeder Hundehalter selbst diese Zahnpflege durchführen. Statt eine Zahnbürste zu verwenden, kann man auch ein Stück Mull um einen Finger wickeln und mit kreisenden Bewegungen von Zahnhals zur Zahnspitze die Zähne reinigen.

Bei einem kooperativen Hund können Zahnbeläge (Plaque) oder harter Zahnstein mit einer Ultraschallzahnbürste (narkosefrei) aufgeweicht und mit einem Scaler (Abb. 2) vom betroffenen Zahn entfernt werden.

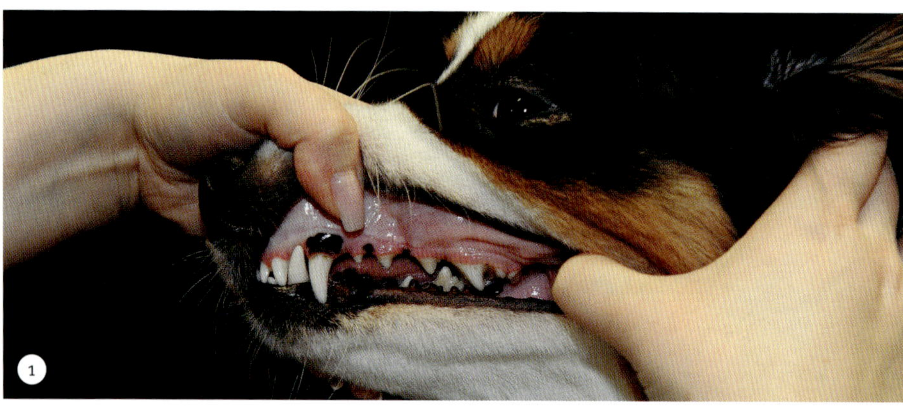

1

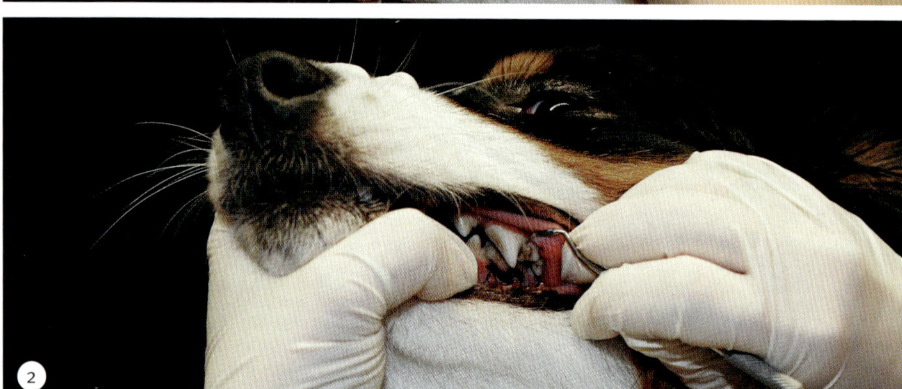

2

Das Vorgesicht

Rassen wie Englische und Französische Bulldogge, Pekingese, Boxer, Mops, Bloodhound und andere Hunde mit „faltigen Gesichtern“ brauchen eine besonders sorgfältige Gesichtspflege. Um Wundsein und infektiöse Hauterkrankungen zu vermeiden, müssen die Hautfalten sauber und trocken gehalten werden. Hierfür werden die Falten zunächst mit einem in destilliertem, lauwarmem Wasser getränkten Tupfer ausgewaschen und anschließend mit sterilem Verbandmull gut abgetrocknet. Danach wird am besten mit dem Finger Wundpuder in die Falten eingebracht.

Bei Rassen mit tiefen Lefzenfalten ist besonders darauf zu achten, dass die Falte sehr sauber ausgeschoren oder geschnitten wird. Das Lefzenekzem tritt meistens in Verbindung mit Zahnfleischentzündungen auf und fällt durch einen penetranten Geruch auf. Lassen Sie sich vom Tierarzt beraten, wie das Ekzem am besten zu behandeln ist.

Hunde mit „faltigen Gesichtern“ wie dieser Bloodhound benötigen eine sorgfältige Gesichtspflege.

Bei diesem Shih Tzu war es dringend nötig, das Gesicht gründlich auszuscheren. Bild 1 zeigt ihn vor der Schur, Bild 2 danach.

Die Krallen

Vielen Hunden müssen regelmäßig die Krallen geschnitten werden. Es sind dies vor allem die leichtgewichtigen Hunde, deren Körpergewicht nicht ausreicht, um die Krallen abzulaufen, oder diejenigen, die sich vorwiegend auf weichem Boden bewegen. Bei Hunden, die regelmäßig auf Asphalt oder anderen harten, steinigen Untergründen laufen, werden die Krallen in der Regel ausreichend abgenutzt, sodass sie nicht geschnitten werden müssen. Ausnahmen sind hier die Daumenkrallen/Afterkrallen, da sie nicht auf dem Boden aufsitzen. Sie sollten regelmäßig etwas gekürzt werden. Für das Kürzen der Krallen sollte man eine Krallenzange verwenden. Das Schneiden ist aber nicht ganz so einfach, weil die Krallen teilweise durchblutet sind und man bei einem falschen Schnitt die Blutgefäße verletzen kann, was für den Hund sehr schmerzhaft ist. Leider kann man nicht immer erkennen, wie weit das Blutgefäß in der Kralle verläuft. Bei hellen Krallen kann man meistens sehen, wo das Blutgefäß endet und wie weit man schneiden darf. Bei dunklen Krallen muss man dagegen sehr behutsam vorgehen und nur die äußere Spitze abschneiden.
Die Handhabung ist immer gleich: Nehmen Sie die Pfote in die Hand und halten Sie die Zange von der Vorderseite der Kralle schräg nach hinten oben und parallel zur Abriebfläche (siehe Abb. nächste Seite).
Auch wenn man noch so vorsichtig ist, kann es doch mal vorkommen, dass es zum Bluten kommt. Die Blutung lässt sich in der Regel schnell stoppen. Dafür gibt es im Handel einen speziellen Krallen-Blutstopper in Pulverform. Ein wenig von dem Blutstopper streut man dann in den Deckel des Döschens und tunkt die betroffene Kralle in das Pulver. Sobald das Pulver auf der Kralle ist, schließen sich die Blutkapillaren und die Kralle hört auf zu bluten.

Die Pfoten

Die Ballen und die Krallen der Hunde sind vielen verschiedenen Untergründen und jedem Wetter ausgesetzt, dadurch sind sie oft rissig und spröde. Besonders im Winter, wenn es sich nicht vermeiden lässt, dass Hunde mit Streusalz in Kontakt kommen, werden die Pfoten nach dem Spaziergang mit warmem Wasser abgewaschen und anschließend mit Vaseline, Melkfett oder einem spezielle Pfotenbalsam eingecremt. Wenn Hunde auch im Sommer zu rissigen Ballen neigen, hilft ebenso ein regelmäßiges Einfetten, wofür z. B. auch Olivenöl verwendet werden kann.
Äußere Einflüsse (Feuchtigkeit, Schnee, Salz, Chemikalien) oder starke Verfilzung der Haare sowie rot verfärbtes Haar bei hellen Hunden sind schon ein deutliches Zeichen für ein Problem mit der Pfote. Es sollte darauf geachtet werden, dass die Haare zwischen den Ballen ausgeschoren werden, damit keine kleinen Filzknoten, die den Hund beim Laufen stören und auch schmerzen können, entstehen.

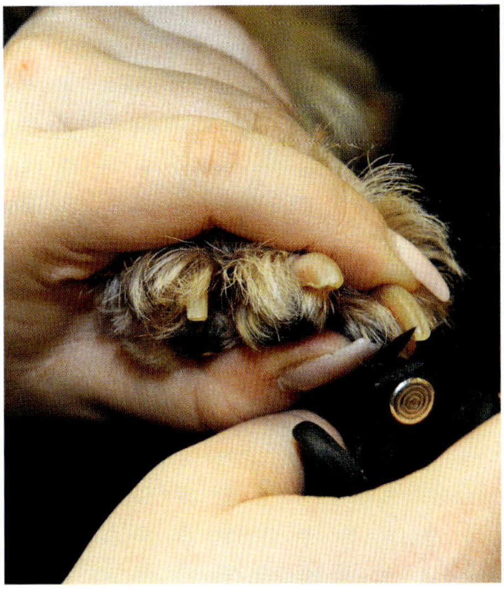

Die Krallen werden ganz vorsichtig an der Spitze gekürzt.

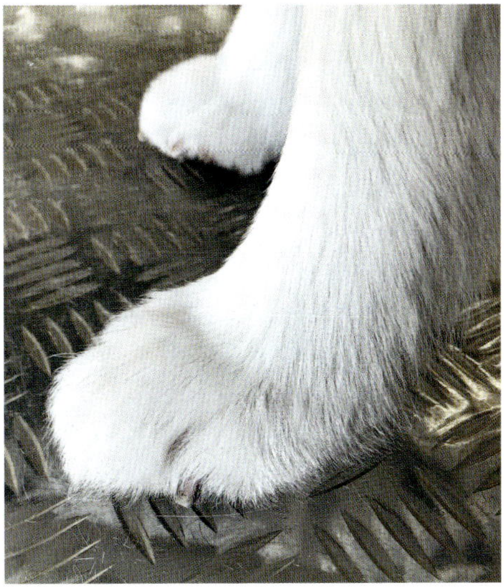

So sieht eine gut gepflegte Pfote aus.

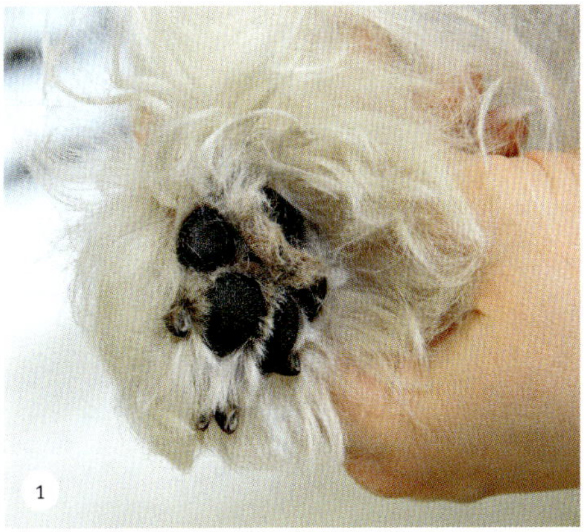

1

2

Bei langhaarigen Hunden kommt es häufig zu Verfilzungen der Haare zwischen den Ballen (Abb. 1). Diese sollten dann ausgeschoren werden (Abb. 2).

Die Haut

Die Haut des gesunden Hundes ist glatt und elastisch. Bei unbekannten Veränderungen ist erst einmal der Tierarzt zu konsultieren, damit er feststellen kann, um welche Ursache es sich handelt und mit welchem medizinischen Präparat der Hund gebadet bzw. behandelt werden soll. Trockene Haut und brüchiges Haar erfordern ein Feuchtigkeit spendendes Shampoo.

Die Analdrüsen

Die Analdrüsen sind zwei kleine Drüsen, die sich auf beiden Seiten des Afters befinden. Wenn der Hund diese Drüsen nicht selbst entleeren kann, füllen sie sich mit einem übel riechenden Sekret. Wenn Hunde „Schlitten fahren“ oder anhaltend am After lecken, ist es meistens ein Zeichen für eine verstopfte Analdrüse und nicht, wie irrtümlich angenommen wird, für Wurmbefall.

Zum Entleeren hebt man die Rute und ertastet die Drüsen. Wenn sie gefüllt sind, kann man sie deutlich spüren. Fassen Sie hinter die Schwellung und drücken diese vorsichtig aus, wobei das stinkende Sekret mit einem großen Küchenkrepp oder ähnlichem Tuch aufgenommen wird. Oder lassen Sie es sich vom Tierarzt zeigen. Werden Analdrüsen nicht entleert, kann es zu einem schmerzhaften Abszess kommen. Sollte schon eine Entzündung aufgetreten sein, müssen Sie auf alle Fälle den Tierarzt aufsuchen.

Die Genitalien

Beim Rüden kann man häufig eine gelblich grüne Absonderung aus dem Penis feststellen, dessen Ursache meistens ein Vorhautkatarrh ist. Durch mehrmalige Spülung mit speziellen Lösungen (fragen Sie Ihren Tierarzt) heilt der Vorhautkatarrh in der Regel schnell ab. Um die Infektionsgefahr durch Verschmutzung zu verringern, schert man den Penis sauber.

Bei der Hündin können verschiedene Arten von Ausfluss auftreten. Sollte der Ausfluss nichts mit einer Läufigkeit zu tun haben, suchen Sie bitte sofort einen Tierarzt auf, vor allem wenn der Ausfluss eine gelbliche Farbe hat, da die Ursache unter Umständen nicht nur ein Scheidenkatarrh, sondern eine Pyometra (Gebärmutterentzündung) sein kann, die ohne medizinische Behandlung oft tödlich endet.

Ektoparasiten

Einen Flohbefall sollte man nicht zu leichtnehmen, denn **Flöhe** können Bandwürmer übertragen (auch auf den Menschen). Die Flohdermatitis, als Sekundärerkrankung durch Kratzen und Lecken verursacht, ist unangenehm und hartnäckig. Die Flohspeichelallergie, auch FSA genannt, ist mittlerweile die häufigste bei Hunden auftretende Allergie. Sie wird durch den Flohspeichel ausgelöst und führt zu haarlosen, sehr schmerzhaften und juckenden Hautbereichen.

Das Baden mit speziellen Zusätzen (Flohbad) ist die sicherste Art, Floh und Eier zu vernichten. Hierfür kaufen Sie ein Flohshampoo beim Tierarzt oder in Ihrem Zoofachgeschäft. Machen Sie den Hund gründlich nass und verteilen das Flohshampoo je nach Herstellerangaben verdünnt oder unverdünnt auf dem gesamten Fell. Achten Sie darauf, dass nichts ins Auge kommt! Das Flohshampoo sollte in der Regel 5 bis 10 Minuten einwirken. Danach alles gründlich abspülen.

Besteht die Gefahr einer Wiederholung des Befalls, ist das Tragen eines im Fachhandel angebotenen Flohhalsbands oder die Anwendung spezieller Spot-on-Präparate zu empfehlen. Ebenso ist es notwendig, die Schlaf- und Liegeplätze zu desinfizieren, denn dort herrschen ebenso wie auf Teppichen und Polstermöbeln optimale Bedingungen für die Entwicklung vom Ei zum Floh.

Zecken gehören zu den Parasiten, die viele gefährliche Krankheiten auf Hunde und auch Menschen übertragen können. Daher sollten Hunde mit einem wirksamen Mittel vor Zeckenbissen geschützt werden. Hierfür eignen sich verschiede Sprays oder Spot-on-Präparate, die eine abschreckende Wirkung haben, sodass sich gar keine Zecken festbeißen und somit keine Infektionsgefahr besteht. Durch diese Präparate ist der Hund vier bis sechs Wochen lang geschützt. Die Wirkung der häufig im Handel angebotenen Halsbänder gegen Parasitenbefall ist dagegen bei Zecken nicht so zuverlässig. Auch manche natürlichen Heilmittel, die häufig angepriesen werden, wie Knoblauch, Bernsteinhalsbänder, Tic-Clips, Kokosöl oder Algenmehl, überzeugen leider nicht immer durch ihre Wirkung.
Zum Entfernen verwenden Sie am besten eine Zeckenzange, die überall im Fachhandel erhältlich ist. Umfassen Sie die Zecke mit der Zange so dicht wie möglich über der Haut des Hundes und drehen diese durch mehre Drehungen heraus. Zerquetschen Sie mit der Zange nicht den Körper der Zecke, da sonst unnötig Sekret mit eventuellen Krankheitserregern in die Haut des Hundes eindringt.

Endoparasiten

Die am häufigsten vorkommenden Endoparasiten sind **Spulwürmer**, die bei Verdacht durch eine Kotuntersuchung nachgewiesen werden können und mit den verfügbaren Wurmmitteln leicht zu bekämpfen sind.
Haken- und Peitschenwürmer sind nicht so leicht festzustellen. Das sicherste Zeichen ihres Vorhandenseins ist anhaltender Durchfall. Sollte allerdings nach einer Wurmkur immer noch Durchfall auftreten, muss er eine andere Ursache haben.
Den **Bandwurm** entdeckt man meist nur zufällig, weil man ihn nur an abgehenden Gliedern erkennt. Es kommt vor, dass man beim Kämmen vertrocknete Glieder am After findet, die wie Reiskörner aussehen. In dem Fall sollten Sie den Tierarzt aufsuchen!
Eine regelmäßige Entwurmung sorgt dafür, dass alle Würmer abgetötet werden. Sie kann aber nicht vor einem neuen Wurmbefall schützen, das heißt, eine Wurmkur wirkt nicht wie eine Impfung.

Die Grundlagen für das Grooming

Das richtige Handwerkszeug

Das Haarkleid von Hunden kann recht unterschiedlich sein. Es reicht vom Kurzhaar über das Rauhaar bis zum Langhaar, vom seidigen Fell ohne Unterwolle bis hin zu einem dichten Haarkleid, das Schnüren oder Platten bildet. Je nach Beschaffenheit des Fells muss auch die Pflege sowie das Trimmen oder Scheren mit verschiedenen Geräten erfolgen, um den richtigen Erfolg zu erzielen und das Haar nicht zu beeinträchtigen.

Im Folgenden ist das für die Hundepflege benötigte wichtigste Handwerkszeug aufgelistet.

Schermaschinen

- Pfoten-Schermaschine, Scherkopf verstellbar von 1 bis 3 mm
- Akku-Schermaschine mit Wechsel-Scherköpfen von 3 bis 12 mm in Fein
- Aufsteck-Kammset für Schermaschinen mit Aufsätzen von 3 bis 25 mm (z. B. Snap-on)

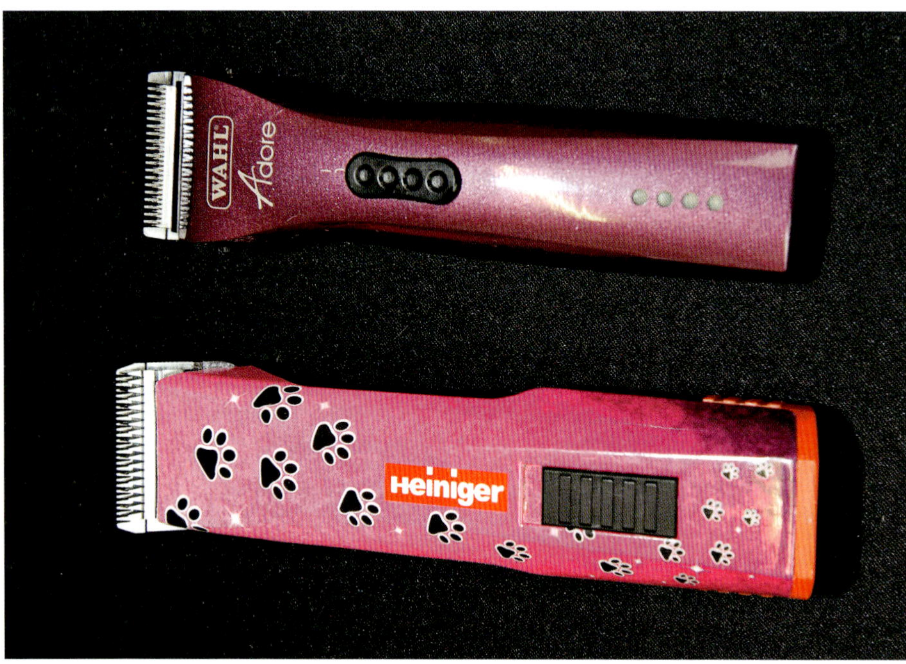

Akku-Schermaschine mit 2 Ersatzakkus und Aufsatz Größe 10 für Snap-on-Aufsätze (unten) und Akku-Schermaschine für Versäuberungsarbeiten in Verbindung mit Aufsteckkämmen (oben)

Akku-Schermaschine mit Wechsel-Scherköpfen und Snap-on-Aufsätzen

Schermaschine für Vorbereitungsarbeiten von 1 bis 3 mm verstellbar und in Kombination mit Aufsteckkämmen (dabei auf 1 mm stellen) verwendbar

Verschiedene Aufsätze gibt es von grob bis fein.

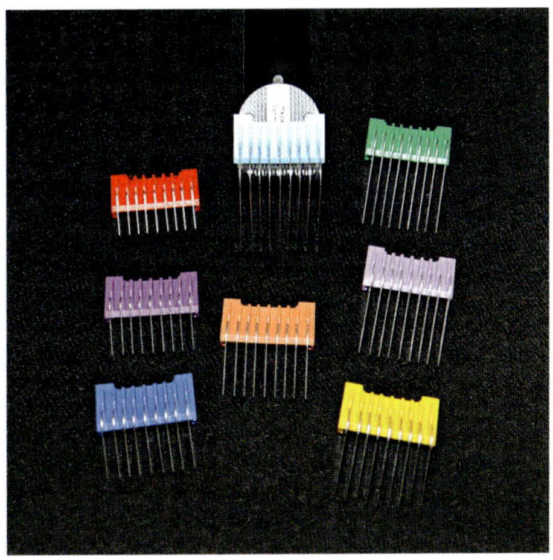

Auch die Aufschiebekämme gibt es in verschiedenen Größen.

Die verschiedenen Aufsätze gibt es in grob und fein sowie mit Keramik oder Titan.
Grobe Scherköpfe dienen zum groben Vorscheren vor dem Baden.
Feine „F“-Scherköpfe sind für ein feines Schnittbild und ein sauberes Finish.
Sie variieren in den Größen von ganz kurz #50 = 0,2 mm bis #3/4 = 19 mm.

Für die Arbeit mit Snap-on-Aufsätzen eignet sich am besten der Unterkopf #30 = 0,5 mm.

Aufschiebekämme (Snap-on) ohne Feder sind geeignet für alle Maschinen,
die von 1 bis 3 mm zu verstellen sind.
Aufschiebekämme (Snap-on) mit Feder sind für alle größeren Maschinen geeignet.

Kämme

- großer Kamm
- kleiner Kamm
- mittelgroßer Kamm

Bürsten

- feine Drahtbürste (z.B. Doggy Man)
- grobe Drahtbürste (z.B. Chris Christensen Big G)
- Entfilzungsbürste (z.B. Activet Mat Zapper)
- Unterwollbürsten (z.B. Activet Bürsten silber und gold)
- Terrierbürste
- Gummi-Noppenbürste für kurzhaarige Hunde
- Entfilzer (z.B. Mat Breaker)

Haarschneidescheren

- gebogen ca. 20 cm
- gerade ca. 20 cm
- kleine Schere für das Haar an den Pfoten und Ohrrändern
- Modellierschere (einseitig gezahnt)
- Effilierschere (zweiseitig gezahnt)
- spezielle Modellierscheren (z.B. Speedcutter)

links: ActiVet Silcoater Duo, Pro Soft & Coat Grabber, geeignet für feine Haare und zum einfachen Entwollen; 2. v. links: ActiVet Mat Zapper zum Entfilzen; Mitte: Chris Christensen Big K, grobe Bürste (lange Pins) für Hunde mit sehr dichtem Fell und Unterwolle; rechts: Doggy Man Allroundbürste für den täglichen Gebrauch (kurze Pins).

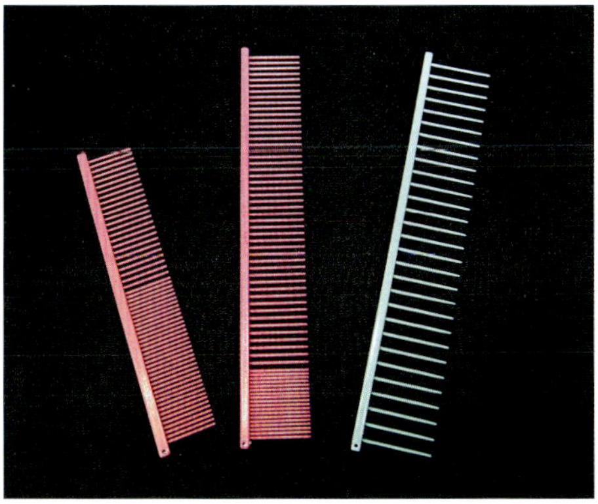

Für jede Fellbeschaffenheit und -länge gibt es den passenden Kamm.

Mit einem Badepuschel lässt sich der Hund beim Baden gut und sanft einschäumen.

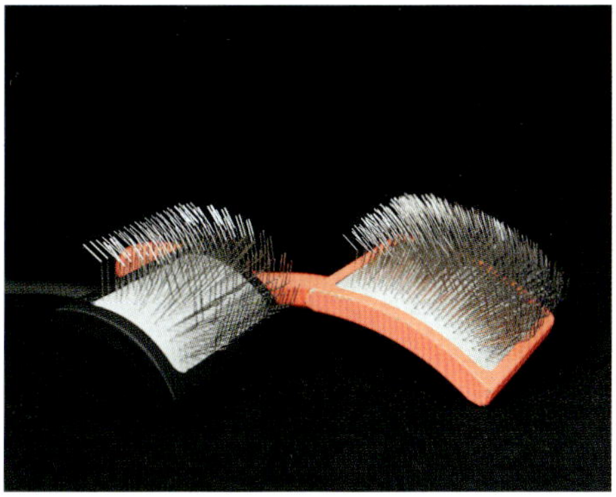

Chris Christensen Big K, lange weite Pins (links) und Chris Christensen Big G, lange enge Pins (rechts), beide geeignet zum Entwollen von Langhaarrassen, Pudel, Lagotto, Bichons u.a.

Zwei Bürsten von ActiVet: links eine weiche Bürste (gold für feines Fell, grün als Allrounder), rechts eine harte Bürste (rot zum Entfilzen, silber für Feinarbeit)

Doggy Man Bürste, eine Allroundbürste mit Soft Pad und kurzen Pins

Diese Striegelbürste ist für Terrier besonders geeignet.

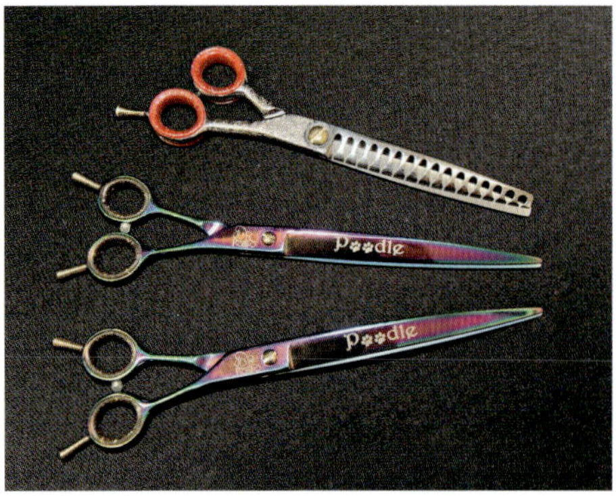

Speed Cutter oder Chunker, 19 cm (oben); darunter gerade und gebogene Schere, 20 cm, für alle Felle geeignet.

Der Speed Cutter oder Chunker ist eine sehr gute Finish-Schere für festes und weiches Fell wie z. B. bei Bichons, Pudel, Schwarzer Russischer Terrier und Kerry Blue Terrier.

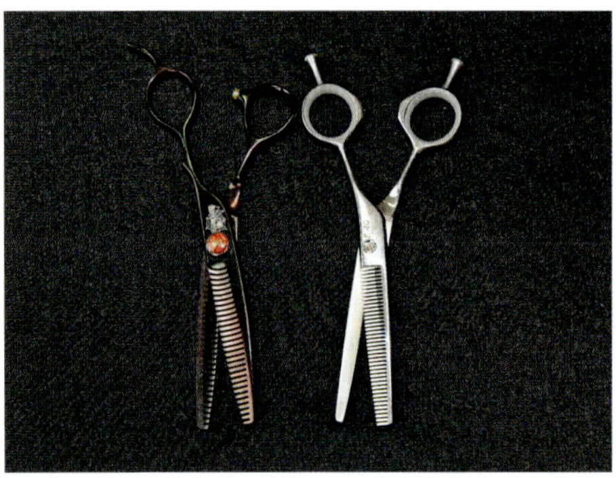

Die Modellierschere ist nur auf einer Seite gezahnt, die Effilierschere ist auf beiden Seiten gezahnt.

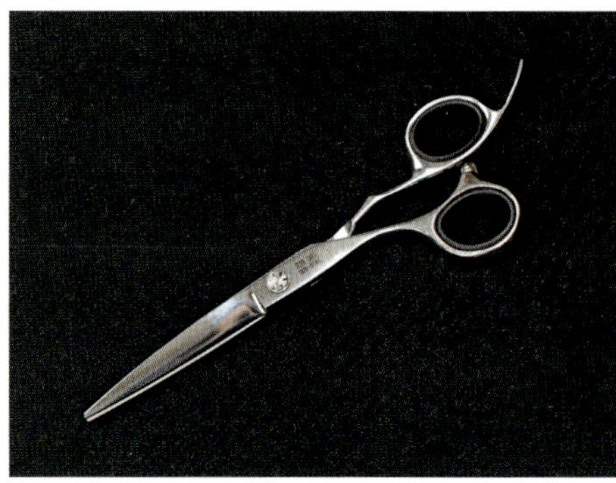

Diese Pfotenschere ist für Arbeiten an Ohrrändern, Pfoten oder dem Intimbereich geeignet.

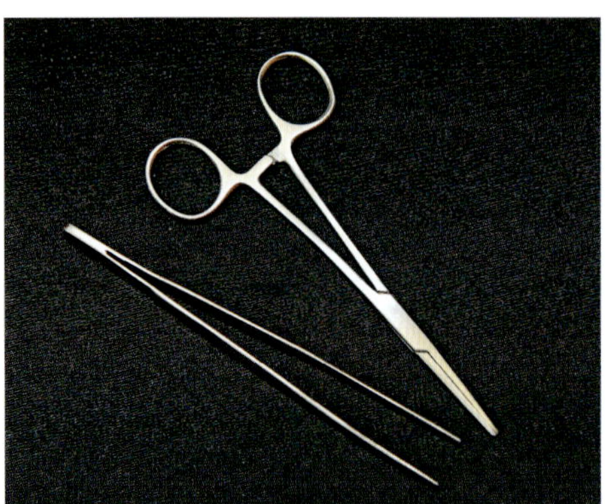

Mit einer Klemmzange oder einer stumpfen Pinzette lassen sich gut die Haare aus den Ohren entfernen.

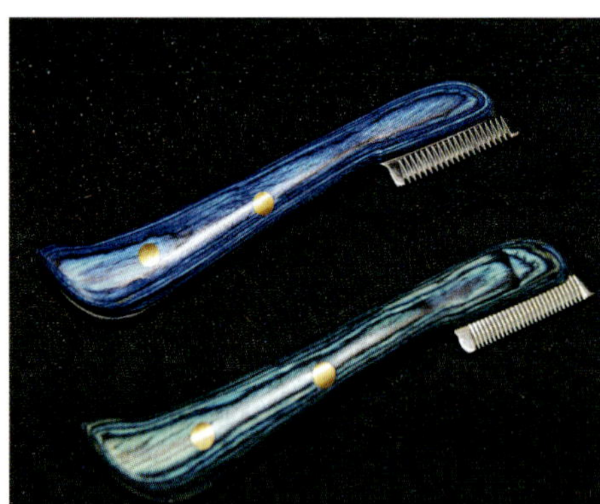

Trimmmesser gibt es in grob und fein.

Für das Auszupfen der Haare mit den Fingern helfen Gummifingerlinge. Die Griffigkeit wird durch das Puder verbessert.

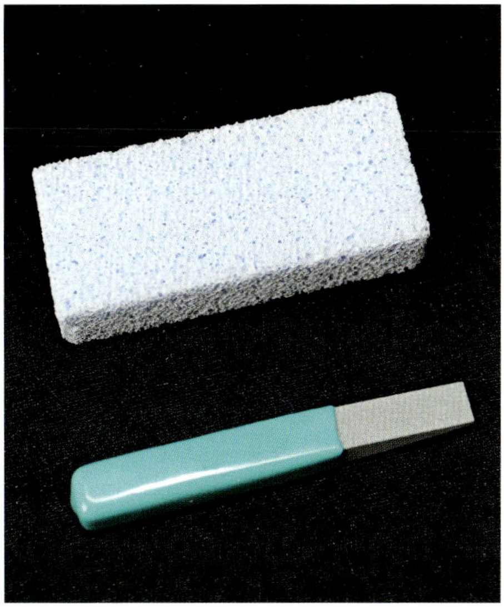

Der große Trimmstein eignet sich für großflächige Bereiche, der kleine Trimmstein wird für Entfernen der Haare z. B. an den Ohren verwendet.

Trimmmesser

- Grob
- Fein
- Detailer (z. B. für Ohrränder)
- Trimmstein
- Gummifingerling
- Puder

Weitere Utensilien

- Werkzeug zur Entfernung von Unterwolle oder losem Deckhaar (z. B. Coat King oder Furminator)
- Krallenzange
- Klemmzange (Arterienklemme) oder stumpfe Pinzette
- Scaler zum Entfernen von Zahnstein
- Zeckenzange
- Badepuschel
- Hoodie (z. B. Happy Hoodie)
- Blower
- Standföhn
- Handföhn

Unterwollstriegel Combi fein und grob mit Klinge (oben), Mat Breaker zum Entfilzen (unten links) und Unterwollstriegel für Kurzhaarhunde (unten rechts).

Ein Hoodie dient beim Trocknen mit dem Blower oder Standföhn als Lärmschutz.

Glossar

AvtiVet Bürsten:	Produktname von Unterwollbürsten
Blower:	leistungsstarker, stationärer Föhn mit Schlauch und verschiedenen Aufsätzen zum Trocknen von Hunden; im Vergleich zum Hand- oder Standföhn ist er lauter und arbeitet mit einem stärkeren Gebläse
Carding:	Entfernen der Unterwolle
Chris Christensen Big G:	Produktname für grobe Drahtbürsten
Coat King:	Produktbezeichnung für ein Werkzeug zur Entfernung von Unterwolle oder losem Deckhaar
Detailer:	bestimmte Trimmmesser z. B. für Ohrränder
Doggy Man:	Produktname für bestimmte feine Drahtbürsten
Furminator:	Produktbezeichnung für ein Werkzeug zur Entfernung von Unterwolle oder losem Deckhaar
Gothic Window:	der Teil zwischen den Rosettenwirbeln unter dem After bis hin zur Winkelung
Hand Stripping:	Trimmen
Hoodie:	Ohrenschutz und Lärmschutz beim Föhnen
Incisivus:	Schneidezahn
MagicBrush:	Produktbezeichnung für eine Kunststoffbürste zum Entfernen von Schmutz im Fell
Mat Breaker:	Produktname für ein Werkzeug zum Entfernen von Verfilzungen und Unterwolle
Mat Zapper:	Entfilzungsbürste der Firma ActiVet
Molar:	Backenzahn
Pet-Clip:	Pflegeleichter, sportlicher Schnitt für viele Rassen anwendbar
Prämolar:	Vorbackenzahn
Rolling Coat:	das optimale Ergebnis des Trimmens

Glossar

Rückbiss:	ein zu kurzer Unterkiefer, gilt als Fehler
Scaler:	Werkzeug zum Entfernen von Zahnstein und zur Zahnreinigung
Scherengebiss:	bei geschlossenem Kiefer liegen die Zähne wie bei einer geschlossenen Schere aufeinander
Snap-on-Aufsatz:	aufsteckbarer Aufsatz für Schermaschinen
Speedcutter:	Bezeichnung für bestimmte Modellierscheren
Stopp:	der Absatz vom Nasenrücken zum Stirnbein
Teller:	ein Winkel von 45 Grad vom Ballen zum Sprunggelenk des Hinterbeins
Topline:	obere Linie des Hundes vom Hinterhauptstachel bis zum Rutenansatz
Tuck-Up:	höchster Punkt der unteren Linie
Underline:	untere Linie des Hundes von der tiefsten Stelle der Brust bis zum Knie
Vorbiss:	die Schneidezähne des Unterkiefers stehen vor denen des Oberkiefers, bei manchen Rassen erwünscht
Widerrist:	höchste Stelle der Schulter, an der die Größe eines Hundes gemessen wird

Baden und Föhnen

Das Baden sollte immer vor dem Schneiden/Scheren erfolgen. Durch Staub, Schmutz und Nässe würden die verwendeten Scheren bzw. Scherköpfe ansonsten beschädigt und stumpf.

Das Fell richtig glatt zu föhnen spielt auch eine große Rolle. Wenn das Haar nicht glatt geföhnt ist und man den Hund lockig schneidet, ist das Haar dann durch die Locken nicht gleichmäßig geschnitten. Wenn der Besitzer den Hund nach ein paar Tagen bürstet, können wieder lange Haare hervorstehen.

Das Wichtigste beim Schneiden ist es, den Hund richtig vorzubereiten. Nur ein Hund der richtig gewaschen, glatt geföhnt und frei von Filz ist, kann gut geschnitten werden. Aus diesem Grund ist es sinnvoll, den Hund zweimal zu waschen.

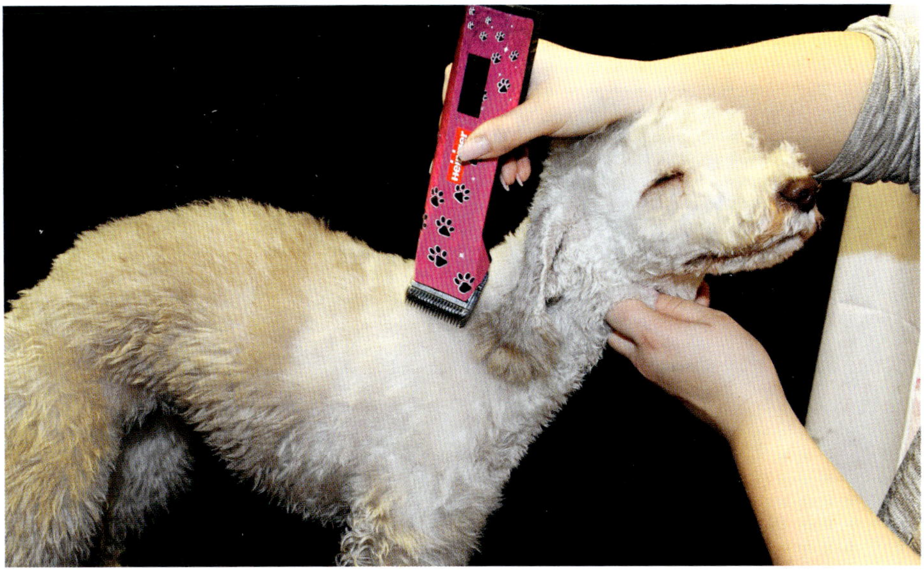

Das langsame Scheren in Wuchsrichtung ergibt ein schönes Schnittbild.

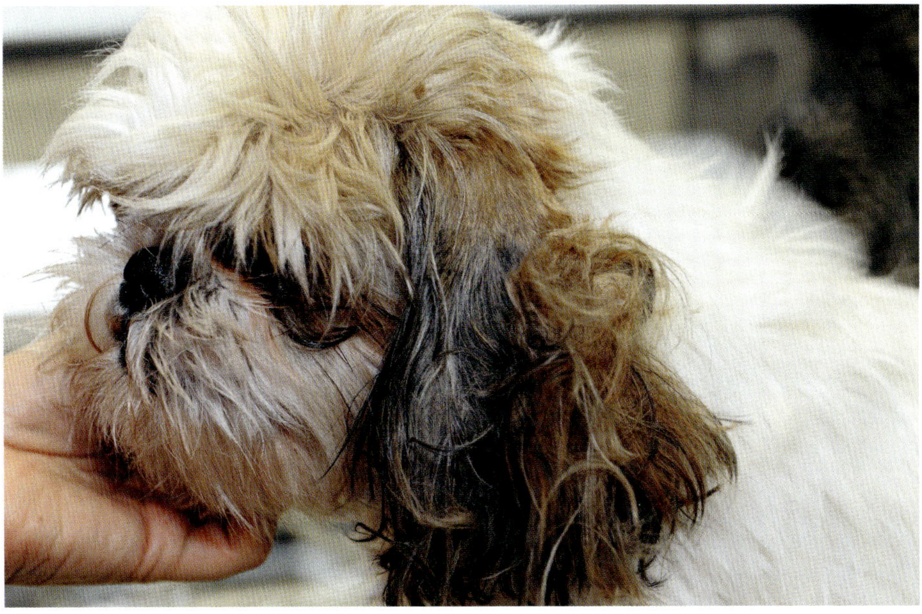

Bei diesem Shih Tzu ist das Fell an den Ohren so sehr verfilzt, dass nur eine komplette Schur helfen kann.

Das richtige Shampoo

Das erste Waschen sollte mit einem Vorwaschshampoo erfolgen, welches den groben Schmutz löst und das Haar entfettet. Außerdem öffnet es die Haarstruktur und das Haar kann dadurch ein pflegendes Shampoo oder auch ein Farbshampoo aufnehmen. Für das zweite Waschen verwenden Sie je nach Felllzustand des Hundes ein Pflegeshampoo, das dem Haar Feuchtigkeit gibt, oder ein Farbshampoo, das die Pigmente stärkt (weiße Hunde). Gegebenenfalls kann auch noch eine Spülung/Kur genutzt werden (siehe unten). Vor allem bei Langhaarhunden sollten Sie gute Pflegeshampoos verwenden, damit das Haar genügend Feuchtigkeit aufnehmen kann. Ein Shampoo-Konzentrat ist immer einem Shampoo, das man nicht verdünnen kann, vorzuziehen, denn es lässt sich besser in das Haar einarbeiten. Um das Shampoo mit dem Wasser zu mischen, kann man einen Messbecher benutzen. Je nach Angaben auf der Flasche gibt man eine kleinere Menge Shampoo und eine größere Menge lauwarmes Wasser in den Messbecher und vermischt dieses mit einem Quirl.

Wichtig!

Rassen, die geschnitten oder geschoren werden, werden grundsätzlich vor dem Schnitt oder der Schur gewaschen. Rassen, die getrimmt werden, werden grundsätzlich vor dem Bad vollständig getrimmt, da das Haar nach dem Baden zum Trimmen zu weich ist und vom Trimmstein auch kleine Partikel abfallen und dann zu Juckreiz auf der Haut führen können.

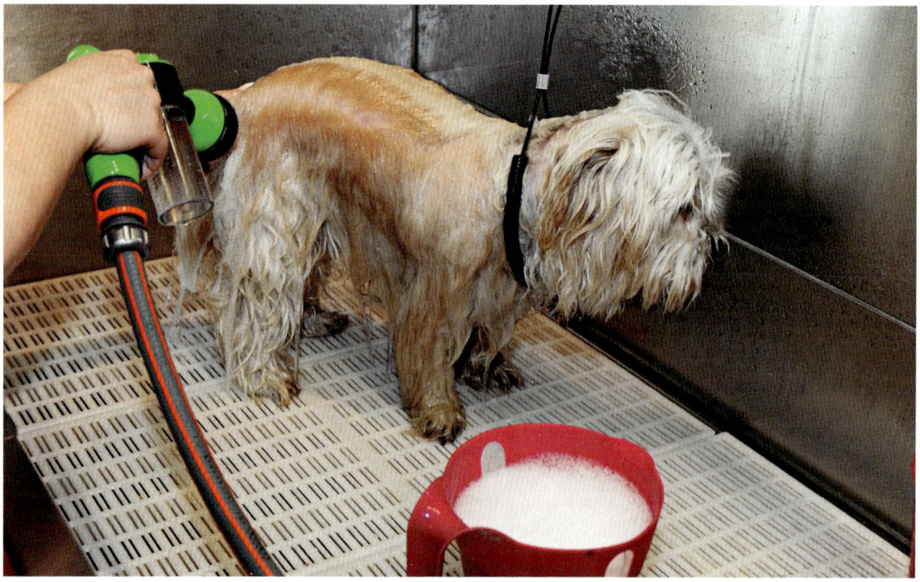

Für das Bad muss der Hund zunächst gründlich mit lauwarmem Wasser abgebraust werden. Das Shampoo sollte schon in einem Becher bereitstehen.

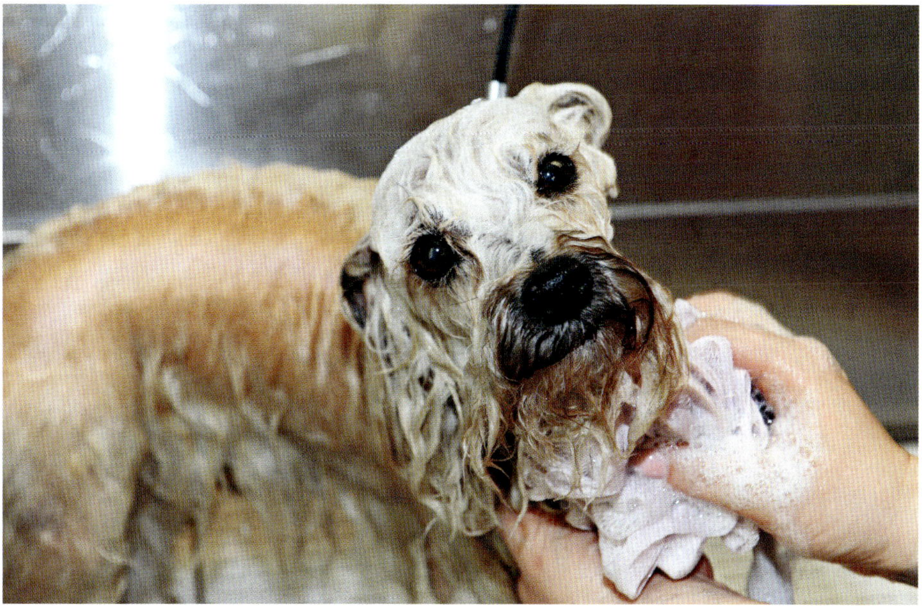

Mit einem Badepuschel wird der Hund dann gründlich eingeschäumt.

Erst ganz zum Schluss wird auch der Kopf eingeschäumt.

Nach der „Vorwäsche" und einem gründlichen Abspülen erfolgt dann das Baden mit einem speziell auf das Fell des Hundes abgestimmten Shampoo.

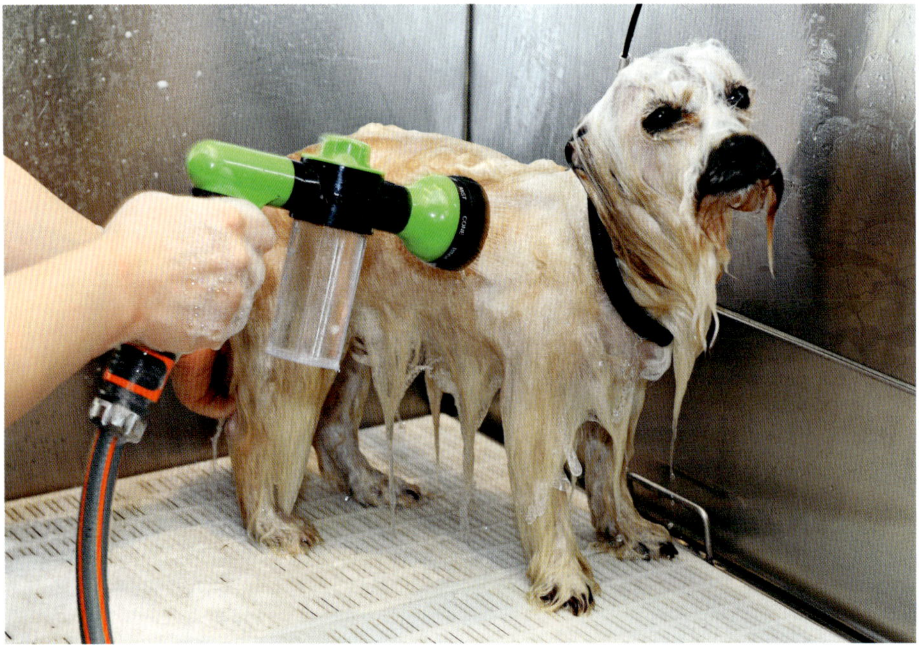

Ein gründliches Ausspülen des Shampoos ist ganz wichtig.

Richtig baden

Bereiten Sie sich die Shampoos und Pflegespülung vor dem Baden in Messbechern vor. Um den Hund gut einschäumen zu können, kann man einen Badepuschel verwenden. Dieser erleichtert das Verteilen des Shampoos auf Haut und Fell und lässt das Shampoo schäumen.

> ***Hinweis***
> *Bei den später beschriebenen Pflegeanweisungen für die verschiedenen Rassen wird das Baden noch mal extra erwähnt, wenn Spezielles dabei zu beachten ist. Ansonsten gelten die hier beschriebenen Hinweise für das richtige Baden und Föhnen.*

Bei sehr schmutzigen Hunden ist es außerdem von Vorteil, eine spezielle Kunststoffbürste (z. B. MagicBrush) zu benutzen. Mit dieser kann man den Dreck im Fell gut lösen und ausbürsten. Das Fell lässt sich damit schonend reinigen, auch nass, und das Bürsten hat gleichzeitig einen Massageeffekt.

Zunächst wird das Fell des Hunde so nass gemacht, dass es mit dem verdünnten Shampoo und einem Badepuschel, den sie immer wieder in den Messbecher eintauchen können, eingeschäumt werden kann. Im Bereich Rumpf, Bauch und Afterregion wird das Shampoo gründlich einmassiert und anschließend gut ausgespült. Wenn der Körper vollständig eingeschäumt ist, wird auch der Kopf (man sollte nur Shampoos verwenden, welche die Augen nicht reizen) eingeschäumt. Bart und lange Ohren werden besonders sorgfältig massiert, ebenso die Innenseite der Ohrmuschel, vor allem bei Hunden mit langen Behängen. Sie sollten aber immer darauf achten, dass kein Shampoo in die Augen gelangt.

Mit dem Abspülen beginnt man am Kopf. Hierbei muss man darauf achten, dass kein Wasser in den Gehörgang läuft. Sollte ein Hund am Kopf empfindlich auf den Brausestrahl reagieren, kann man das klare Wasser auch in den Messbecher füllen und mit diesem den Kopf abspülen. Danach werden die übrigen Körperteile gründlich abgespült. Achten Sie darauf, das Shampoo immer vollständig auszuwaschen. Denn Shampooreste können zu Juckreiz und Hautirritationen führen.

Falls gewünscht, kann nach dem Bad auch eine feuchtigkeitsspendende Pflegespülung oder eine Glanzpackung verwendet werden. Solch eine zusätzliche Spülung bewirkt, dass das Haar Feuchtigkeit zugeführt bekommt, dadurch mehr Glanz bekommt und weicher wird. Dadurch lässt sich das Fell leichter frisieren. Sollten Sie für das Schneiden einen gewissen Stand und ein Volumen benötigen, empfiehlt es sich, keine Spülung zu verwenden.

Nach dem Bad

Nach dem Bad wird der Hund mit einem Handtuch vorsichtig abgetrocknet. Bitte nicht stark rubbeln, da sich die Haare sonst verknoten oder verfilzen können.
Bei großen Hunden kann man sich das Abtrocknen sparen und sie direkt in der Badewanne mit einem starken Blower föhnen. Empfehlenswert ist es, dem Hund vor dem Trockenföhnen einen Gehörschutz in Form eines sogenannten Hoodies aufzusetzen. Diesen Gehörschutz für Hunde gibt es in drei verschiedenen Größen.

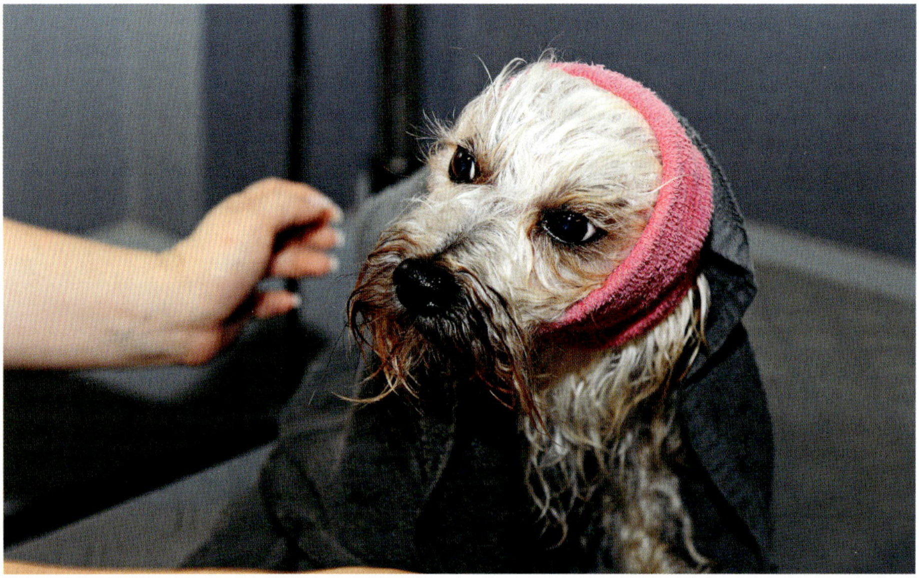

Nach dem Bad wird der Hund vorsichtig mit einem Handtuch abgetrocknet (nicht rubbeln!). Für das darauffolgende Trocknen mit dem Blower bekommt er als Gehörschutz ein Hoodie aufgesetzt.

Sollten Sie einen Blower verwenden, fangen Sie immer oben am Körper an. Der Abstand sollte etwa 2 bis 3 cm zur Haut betragen. In kleinen schwingenden oder kreisenden Bewegungen werden Stück für Stück, erst der Körper und dann die Beine, geföhnt. Aufpassen, dass der Blower nicht zu heiß wird! Nicht mit den Händen rubbeln und keine Bürste dazu verwenden. Lassen Sie den Kopf aus. Der Hund sollte etwa zu 90 Prozent trocken sein, bevor der Rest mit dem Stand- oder Handföhn trocken und glatt geföhnt wird. Hierfür wird der Hund auf den Tisch gesetzt. Bürsten Sie nun den Hund glatt und lockenfrei. Wenn die Luft des Föhns das Fell zu einer Rosette teilt, bürstet man immer in alle Richtungen, um das Fell richtig glatt zu bekommen. Wichtig ist es aber, immer in Stielrichtung der Bürste und nicht mit zu viel Druck zu arbeiten, da sonst die Haut aufgekratzt wird. Auch hier müssen Sie aufpassen, dass der Standföhn nicht zu heiß und zu nah am Fell ist. Es wird immer nur dort gebürstet, wo die warme Luft hinbläst.

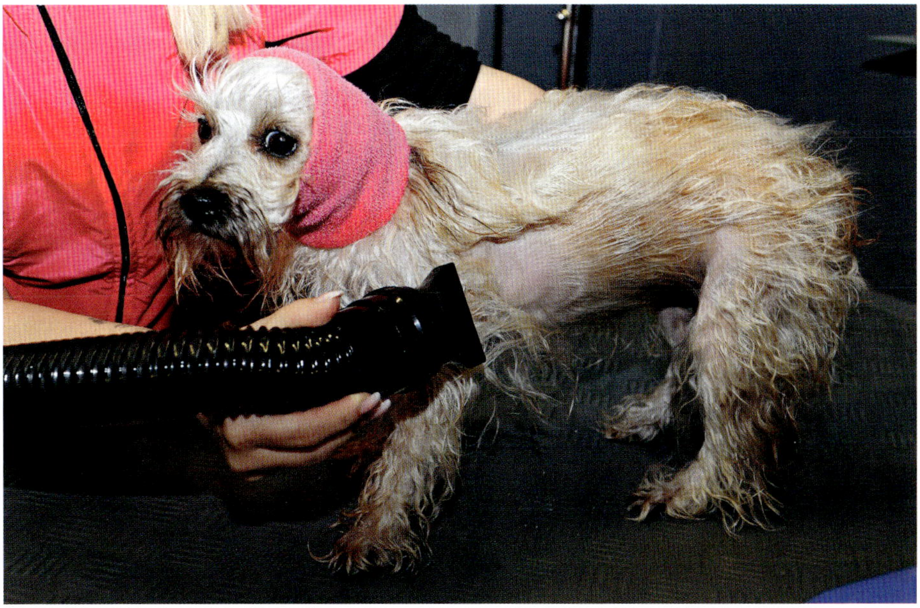

Bei diesem Hunde ohne Unterwolle erkennt man gut, wie leistungsstark ein Blower ist.

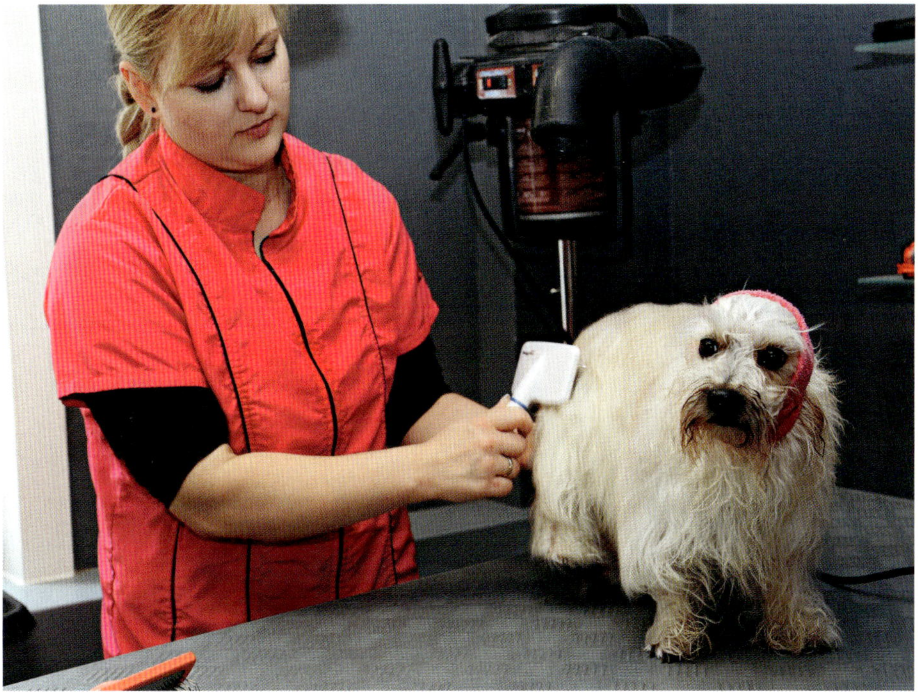

Beim Trocknen mit dem Standföhn wird das Fell glatt gebürstet, dabei immer darauf achten, dass nur dort gebürstet wird, wo die warme Luft ankommt.

Ist das Fell glatt und trocken, kontrollieren Sie mit einem Kamm, ob der Filz völlig entfernt wurde. Als letzten Schritt föhnen Sie den Kopf trocken und glatt. Hierbei auch eine Bürste verwenden.

Ganz zum Schluss wird der Kopf mit einem Handföhn getrocknet (oben) und das Haar am Kopf glatt gebürstet (unten).

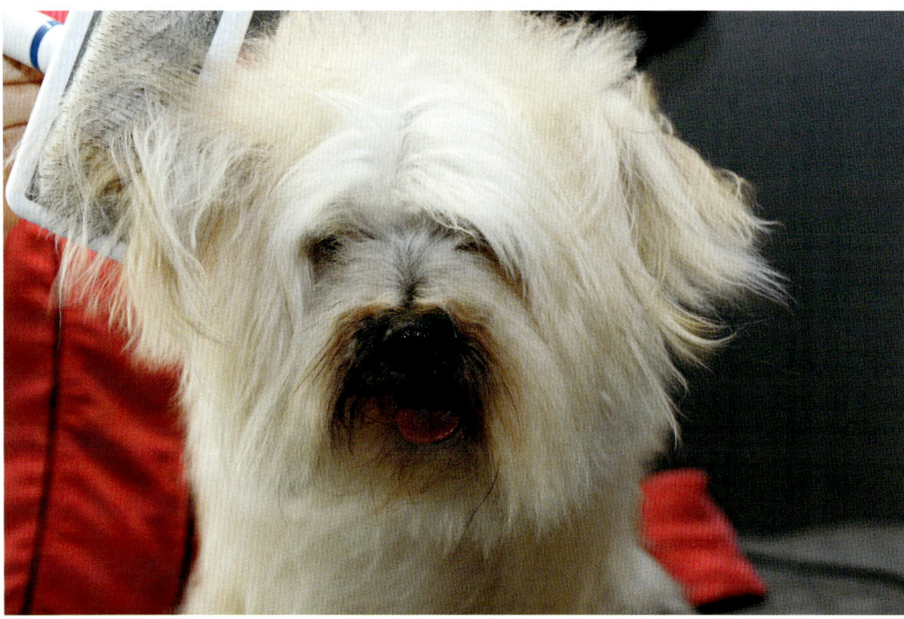

Schneiden und Scheren

Nach dem Baden und Föhnen werden die Hunde noch einmal sorgfältig durchgekämmt, damit auch die kleinste Verfilzung raus ist. Dann kann mit dem Schneiden bzw. Scheren begonnen werden.

Bevor Sie mit den verschiedenen Scheren arbeiten, hier vorab noch ein paar wichtige Informationen zu der richtigen Handhabung des Werkzeugs.

Die richtige Scherenhaltung

Wenn Sie eine neue Schere kaufen, ist diese meistens ganz fest zugedreht, lässt sich also nur sehr schwer zum Schneiden öffnen. Sie sollten die Schere so nicht benutzen, sonst verkratzen Sie die Schneideflächen, außerdem ist das Schneiden auf diese Art auch nicht schonend für das Handgelenk.

Beim Arbeiten sollte man die Schere so halten wie hier gezeigt: mit Daumen und Ringfinger.

Die Schere sollte so eingestellt sein, dass, wenn man sie quer hält und den oberen Schenkel öffnet und leicht fallen lässt, dieser kurz vor dem Gummipfropfen, der als Dämpfung dient, anhält. Sie soll nicht zufallen und aber auch nicht offen stehen bleiben. Der Daumen kommt in das eine Loch und der Ringfinger in das Loch, welches meistens noch eine Halterung hat, um den kleinen Finger abzulegen.

Wichtig ist, den Daumen nicht durch das Loch zu schieben. Das Daumenauge sollte schräg in der Mitte des Daumennagels liegen. Das Auge des Ringfingers sollte am obersten Drittel des Fingers liegen. Der Daumen ist der Motor der Schere. Nur dieser bewegt sich, während der Rest der Finger die Schere umgreift, um sie fest und ruhig zu halten.

Pflege und Wartung der Schere

Achten Sie darauf, dass die Schere nicht herunterfällt und dass Sie nur Haare damit schneiden. Die Klinge kann mit etwas Küchenrolle und Glasreiniger oder Desinfektionsmittel gereinigt werden. Die Schraube sollte immer mal wieder kontrolliert und gegebenenfalls neu justiert werden. Quietscht die Schere, kann es hilfreich sein, einen kleinen Tropfen Öl auf die Schraube zu tröpfeln.

Schleifen muss man die Schere, wenn sie meistens vorn nicht mehr richtig schneidet oder heruntergefallen ist. Nutzen Sie bitte keinen Home-Schleifservice. Die dafür verwendeten Schleifsteine sind für Küchenmesser gut, nicht jedoch für hochwertige Hundescheren.

Richtiges Schneiden mit der Schere

Zunächst entfernt man das Haar zwischen den Ballen. Hierfür eignet sich am besten eine gebogene Schere.

Bei den Hinterpfoten stellen Sie sich hinter den Hund, nehmen die Pfote in die Hand und ziehen diese leicht nach hinten. Fassen Sie mit dem Mittel- und Ringfinger die beiden mittleren Zehen und drücken Sie diese so nach vorn, dass sich die Partie zwischen den Ballen öffnet.

Sodann schneiden Sie mit der gebogenen Scherenmitte so, dass sich die Spitze immer außerhalb des Ballenrandes befindet und nach oben zeigt. Nie mit der Spitze schneiden! Bei den Vorderpfoten geht man ebenso vor, nur dass sie dabei natürlich nach vorn leicht angehoben werden.

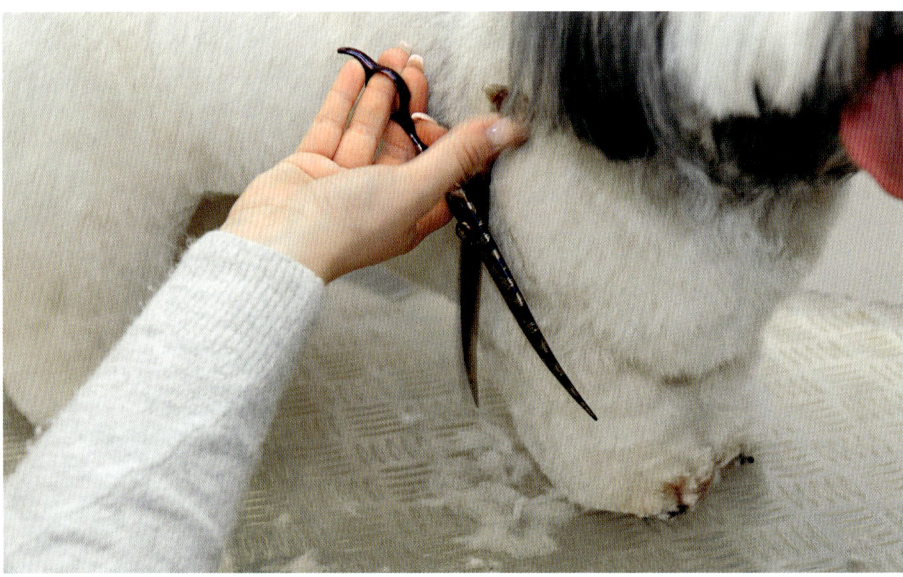

Das Fell rund um die Pfoten und der „Teller“ werden am besten mit eine gebogenen Schere geschnitten.

Die Haare rund um den After werden kurz geschoren mit einem 3-mm-Aufsatz. Die Pfotenunterseiten werden zwischen den Ballen sauber mit einem 1-mm-Aufsatz ausgeschoren. Bei Rüden werden Unterbauch und Penis, bei Hündinnen wird im Bereich der Scham und ebenso der Unterbauch mit einem 3-mm-Scherkopf geschoren.

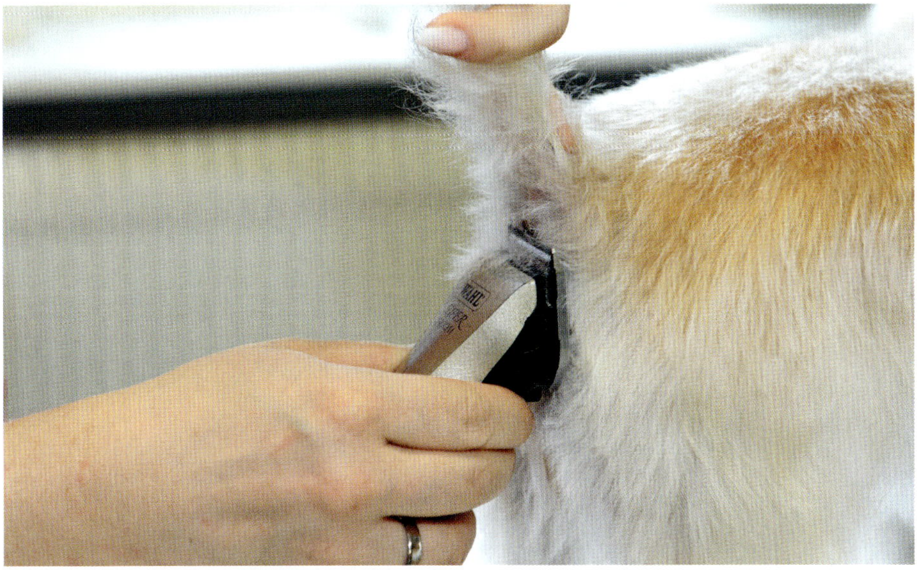

Das Fell in der Region rund um den After und den Intimbereich sollte regelmäßig kurz gehalten werden.

Alle weiteren Handgriffe vom Schneiden bzw. Scheren hängen von der jeweiligen Fellbeschaffenheit und der gewünschten Frisur ab. Im Folgenden einige Beispiele.

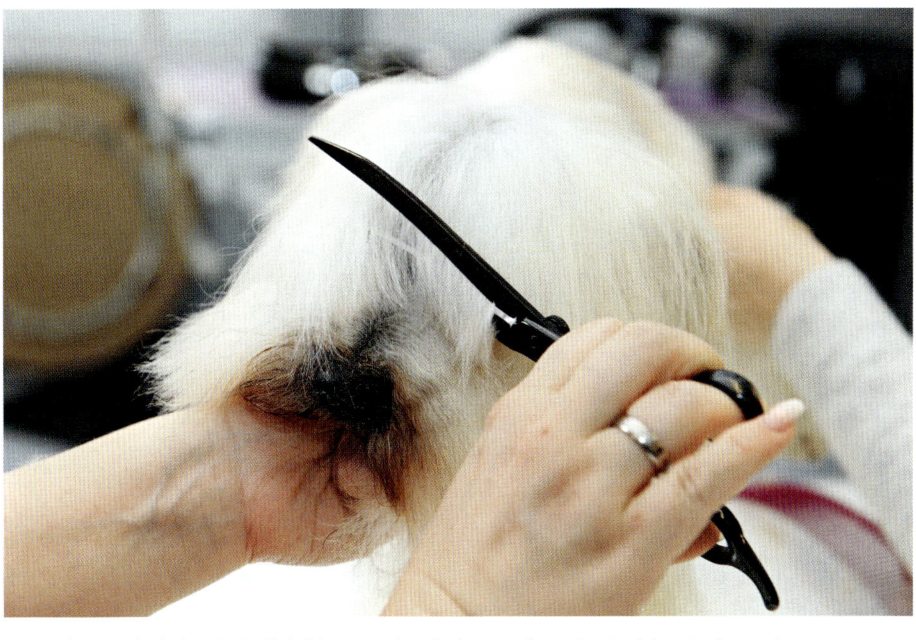

Damit der Hund wieder „freie Sicht" hat, werden die langen Haare im Gesicht mit einer gebogenen Schere gekürzt.

Der innere Augenwinkel und die Fangoberseite werden mit einer Effilierschere für ein natürliches Aussehen eingekürzt.

Das Fell an der Schnauze wird bananenförmig nach oben eingekürzt.

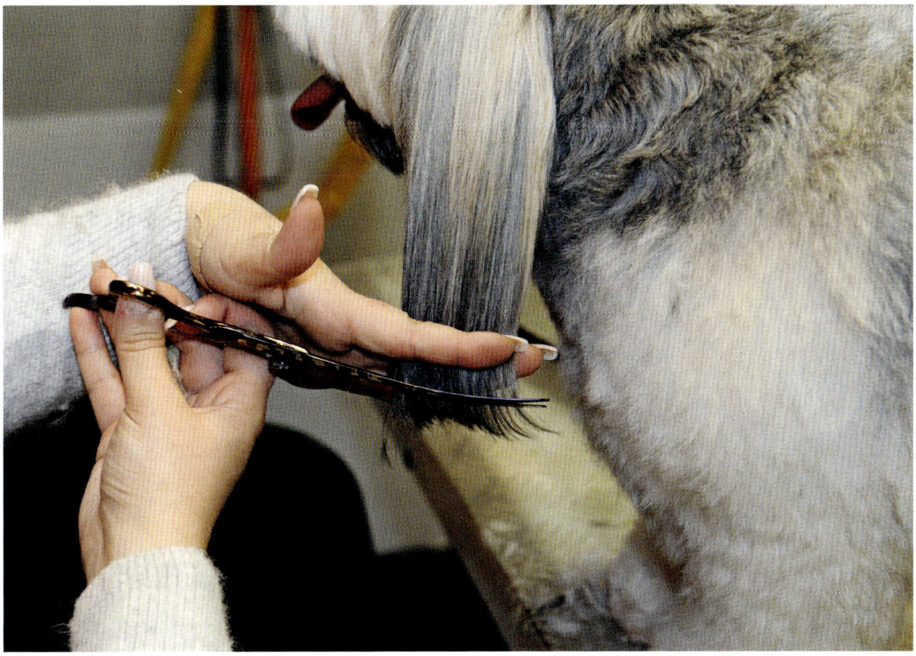

Die Ohren nimmt man zwischen Zeige- und Mittelfinger, um so die Haarspitzen auf die gewünschte Länge zu bringen.

Das Fell zwischen Nase und Lippen kann mit der 1-mm-Einstellung vorsichtig geschoren werden.

Bei allen Hunden, die vor dem Baden schon getrimmt wurden, erfolgt nach dem Bad noch mal die „Feinarbeit“ wie Reinigen der Ohren und Herauszupfen der Haare aus den Ohren sowie das Entfernen der Haare zwischen den Ballen.

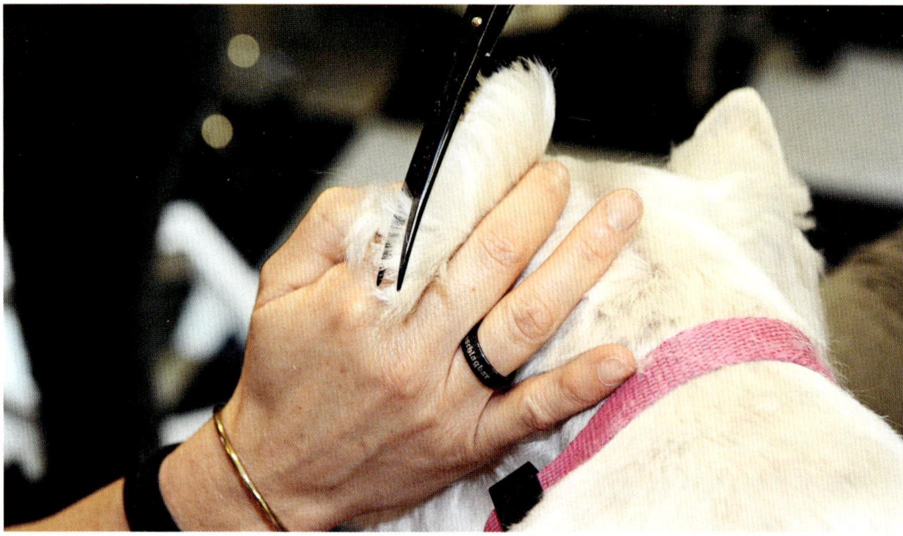

Für das Schneiden der Haare an den Ohrrändern oder anderen gerundeten Körperstellen ist eine gebogene Schere am besten geeignet.

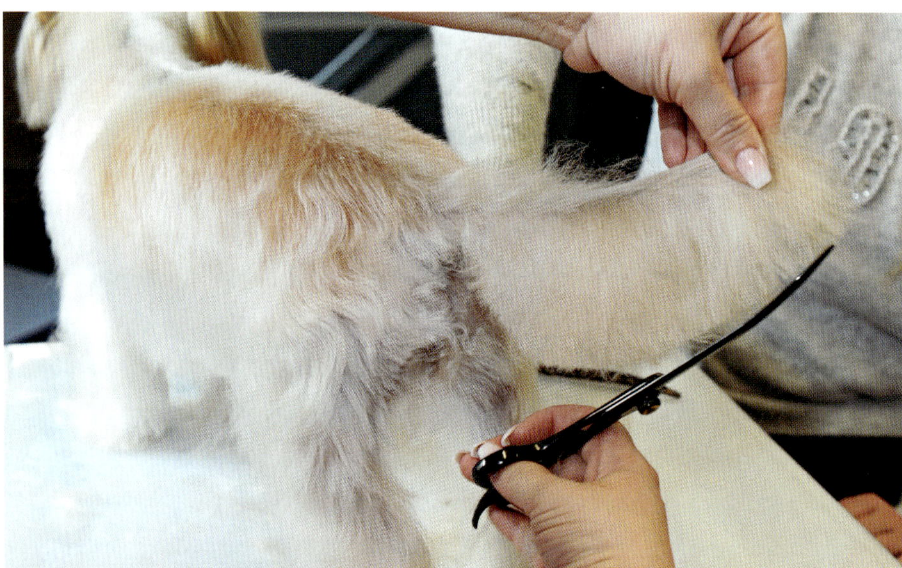

Bei langhaarigen Hunden wird die Fahne an der Rute gleichmäßig am besten mit einer gebogenen Schere gekürzt.

Hand Stripping (Trimmen)

Hand Stripping ist der englische Begriff für das deutsche Wort Trimmen und hat sich im Fachjargon etabliert.
Trimmen bedeutet, dass das Haar nicht geschnitten, sondern dass das tote, nicht mehr angewachsene Haar aus dem Haarfollikel entfernt wird. Hierfür gibt es verschiedene Möglichkeiten.

> ***Achtung!***
> *Das Haar sollte immer in Wuchsrichtung getrimmt werden.*

Zupfen mit den Fingern

Bei ziemlich langem, weichem Haar wie z. B. beim Cocker Spaniel nimmt man ein wenig Haare zwischen Daumen, Zeige- und Mittelfinger und zieht sie mit einem leichten Ruck in Wuchsrichtung heraus. Hilfreich kann dabei ein sogenannter „Gummifingerling“ sein.

Handtrimmen

Das Trimmen mit der Hand wird in derselben Manier ausgeführt, ist aber nur bei rauhaarigen Rassen wie Schnauzer, Terrier, Rauhaardackel, Griffon oder anderen rauhaarigen Jagdhunden möglich.

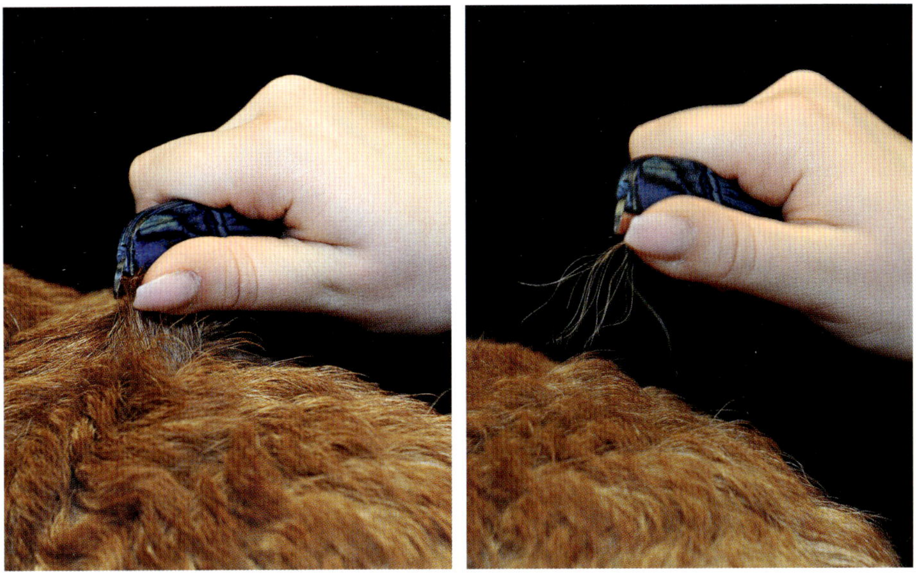

Das Trimmen mit dem Trimmmesser

Trimmen mit dem Trimmmesser

Es gibt verschiedene Arten von Trimmessern: mit Zähnen (Klingen) von grob bis fein, mit Holzgriff oder auch Plastikgriff. Es sollte darauf geachtet werden, dass die Klinge des Trimmmessers stumpf ist. Das Messer sollte das Haar nicht schneiden, sondern aus dem Haarfollikel zupfen. Das grobe Messer wird meist genutzt bei sehr viel und dichtem Trimmfell, das feine hingegen bei wenig und dünnem Trimmhaar. Den Detailer kann man nach dem Baden verwenden, um das restliche Haar zu entfernen. Besonders für Bereiche wie am Kopf oder an den Ohren sowie an feinen Zonen, an denen das Haar sehr kurz getrimmt wird, wie am Hals oder am sogenannten Gothic Window (der Teil unter dem After bis zur Winkelung), kann man mit diesem Trimmmesser sehr detailliert arbeiten. Gehalten werden die Messer in der Handinnenfläche, dort liegt der Griff. Der Daumen liegt auf dem Metall. Wenn man empfindlichere Hände hat, kann man auch zum Schutz die Finger mit einem Kreppband umwickeln.

Trimmen mit dem Trimmstein

Das Trimmen mit dem Stein ist vom Prinzip her das gleiche wie das Trimmen mit dem Messer. Der Trimmstein wird in die Hand genommen. Dann umschlingen Sie den Stein mit den Fingern und legen den Daumen auf dem Stein auf. Genutzt wird der Trimmstein meistens bei Fell, das nicht sehr dicht ist, wie z. B. bei Dackel, Jack oder Parson Russell Terrier und Mischlingen mit feinem Trimmhaar. Bei sehr dichtem Trimmfell wie z. B. bei Lakeland Terrier und Foxterrier ist es jedoch sinnvoller, ein Trimmmesser zu verwenden. Sehr gut als Trimmstein eignet sich der Hornhautstein von Dr. Scholl. Um den Stein handlicher zu machen, können Sie ihn mit einem alten Messer oder einer alten Schere zuschneiden. Es kann aber auch ein Trimmstein, wie er im Fachhandel angeboten wird, verwendet werden.

Das Trimmen mit dem Trimmstein

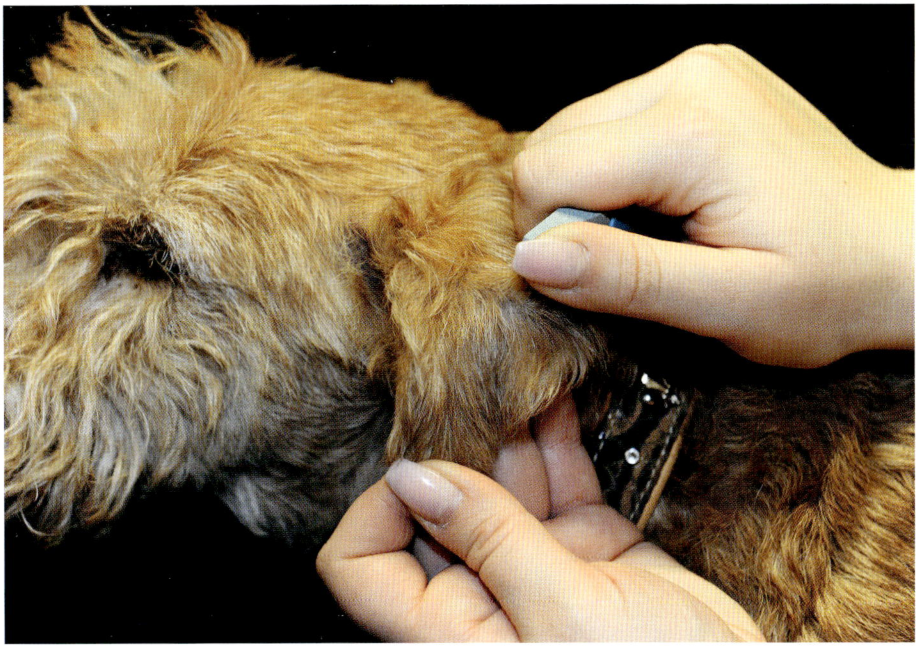

Der kleine Trimmstein eignet sich für kleinere und empfindliche Stellen.

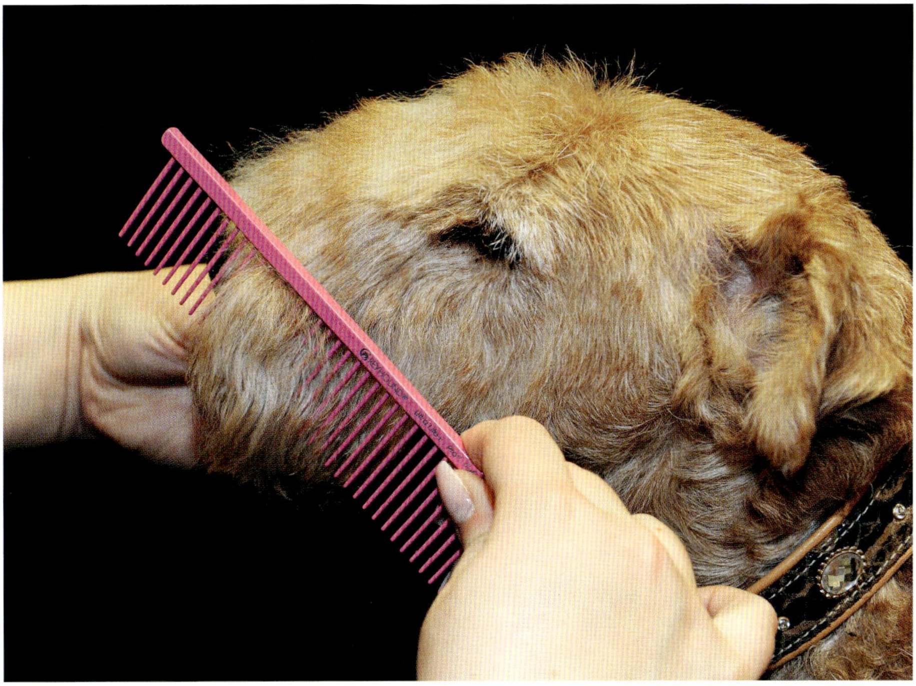

Nach dem Trimmen wird noch einmal das Fell durchgekämmt.

Thalassotherapie

Jeder kennt ja das Gefühl von lästigen Hundehaaren in der Wohnung oder im Auto, ob Wollmäuse auf dem Boden oder Haare, die im Sofa und in der Kleidung stecken. Für Hunde, die so haaren, ist die Thalassotherapie wie gemacht.
Die Anwendung ist besonders geeignet für Kurzhaarhunde, wie z. B. Labrador Retriever, Mops, Französische Bulldogge, kurzhaarige Terrier, Boxer und viele mehr, die normalerweise nicht zum Hundefriseur gehen müssten, jedoch sehr haaren und doch hin und wieder ein Bad genießen sollten.
Die Thalassotherapie ist ein Zusammenspiel von Fell- und Hautpflege. Mit der Behandlung verliert der Hund seine abgestorbenen Haare und das Haaren lässt bei regelmäßiger Anwendung (ich empfehle alle vier Wochen) enorm nach.

Sie wirkt antibakteriell, denn der Meerschlamm tötet Bakterien ab. Dieser wirkt entzündungshemmend, abschwellend und geruchstilgend. Die Mineralien fördern durch die Massage den Stoffwechsel und somit wird die Durchblutung verbessert.
Der Thalassoschlamm wird von verschiedenen Firmen zum Kauf angeboten und variiert an Inhaltsstoffen.

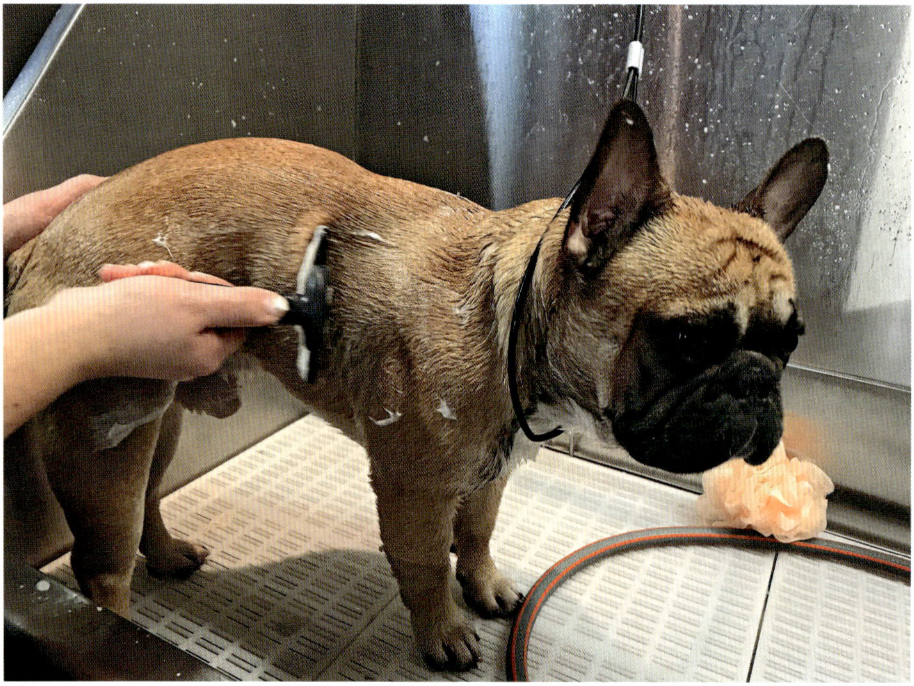

Kurzhaarige Hunde sind besonders für die Thalassotherapie geeignet.

Anwendung

Waschen Sie den Hund mit einem Vorwaschshampoo aus reinen Waschtensiden ohne Duftstoffe gründlich vor. Nehmen Sie je nach Größe des Hundes eine bis zwei Handvoll Thalassoschlamm und verteilen diesen am Körper. Nehmen Sie je nach Haarmenge, die entfernt werden soll, einen Massagestriegel oder einen Unterwollstriegel und fahren in sanften Zügen über den Rücken, Hals, Flanken, Oberschenkel und Schulter des Hundes. Weichteile, Kopf, Rute und Beine werden nur mit den Händen vorsichtig massiert. Je nach Haarmenge, die herausgeht, kann dies etwa 10 Minuten dauern. In der Regel genießen die Hunde die Massage sehr. Danach wird der Hund gut abgewaschen.

Vor allem bei kurzköpfigen Rassen wie Bulldogge oder Mops muss man beim Säubern besonders auf die Falten achten. Auch die doppelte Ohrfalte muss gut gereinigt werden. Der Schlamm setzt sich sonst fest und es können Entzündungen entstehen.

Ist der Hund vollständig abgewaschen, kann er getrocknet werden. Hierbei fallen beim Föhnen mit einem Blower (Hoodie nicht vergessen) noch mehr lose Haare aus. Der Hund fühlt sich hinterher frisch, sauber und von den abgestorbenen Haaren befreit wieder hundewohl.

Der Thalassoschlamm wird erst kurz vor der Behandlung angerührt.

Pflegeanweisungen für verschiedene Rassen

In diesem speziellen Teil finden Sie die Pflegeanweisungen für 52 Hunderassen. Viele dieser Hunderassen sind regelmäßige Besucher eines Hundesalons. Die Intervalle dazwischen reichen je nach Rasse, Fellbeschaffenheit und gewünschtem Aussehen zwischen sechs Wochen und mehreren Monaten.
Bei jeder Rassebeschreibung liefern Auszüge aus dem jeweiligen Rassestandard die wichtigsten Informationen über das gewünschte Erscheinungsbild, den Körperbau, das Haarkleid und die Farbe und Größe dieser Rassen, die Ihnen bei der perfekten Fellpflege sehr hilfreich sein können.

Wenn Sie eine bestimmte Hunderasse in diesem Buch nicht finden, können Sie sich an der Pflegeanweisung für die Rasse orientieren, deren Erscheinungsbild und Haarbeschaffenheit denen von Ihrem Hund (ob Rassehund oder auch Mischling) am ähnlichsten sind. Nicht bei allen Rassen ist ein Baden für die Fellpflege erforderlich. Falls der Hund gebadet werden soll, sind die Pflegeanweisungen vor und nach dem Bad getrennt angegeben.

Standardrichtlinien der Fèdèration Cynologique International (FCI)

Die FCI ist die Internationale Kynologische Vereinigung, welcher der Verband für das Deutsche Hundewesen (VDH) angeschlossen ist. Sie entscheidet über die Festlegung der Rassemerkmale, die von den Ursprungsländern der verschiedenen Rassen ausgearbeitet werden.
Der Standard gibt Auskunft über das gewünschte Erscheinungsbild und das Wesen des Hundes. Je mehr das Exterieur den Standardrichtlinien entspricht, desto besser wird der Hund bei Zuchtschauen bewertet.
Mit unserer Arbeit bemühen wir uns, die äußeren Vorzüge des Hundes zu betonen. Daher werden im Folgenden bei jeder Rasse zunächst die wichtigsten Auszüge aus dem Standard wiedergegeben, um zu verdeutlichen, was dem optimalen Erscheinungsbild des Hundes entspricht. Es dient als Leitfaden für die Fellpflege.

Die in den folgenden Rassebeschreibungen verwendeten Bilder zeigen die Hunde, wie sie nach dem richtigen Grooming im Idealfall aussehen sollten. Wer seinen Hund nicht ausstellen möchte, kann sich aber z. B. auch für einen Pet-Clip entscheiden, der je nach persönlichem Geschmack und Fellbeschaffenheit des Hundes individuell gestaltet werden kann. Bei einigen Rassen sind beispielhaft auch Vertreter mit einem Pet-Clip abgebildet.

Affenpinscher

Auszüge aus dem Standard

Allgemeines Erscheinungsbild:	Der Affenpinscher ist rauhaarig, klein und kompakt, mit einem affenartigen Gesichtsausdruck. Widerristhöhe bei Rüden und Hündinnen 25 bis 30 cm.
Kopf:	Hochgewölbt, mit ausgeprägter Stirn. Der Fang ist gerade und kurz. Der Unterkiefer überragt den Oberkiefer (Vorbiss) und ist leicht nach oben gebogen.
Hals:	Nacken gerade und eher kurz und kräftig aufgesetzt.
Rumpf:	Die Brust ist wenig seitlich abgeflacht, reicht bei guter Wölbung bis über die Ellenbogenhöhe. Der Bauch ist leicht aufgezogen, der Abstand vom letzten Rippenbogen zur Hüfte ist kurz. Die Gesamtlänge des Rumpfes entspricht ungefähr der Widerristhöhe. Der Rücken ist kurz und leicht abfallend. Die obere Begrenzungslinie ist nicht schnurgerade, sondern zeigt einen Schwung, der durch den kräftigen ersten Wirbel des Widerristes, den Rücken und die leicht abgerundete Kruppe bis zum Rutenansatz gebildet wird.
Läufe:	Die Vorderläufe sind als allseitig gerade Stützen ausgebildet, die Ellenbogen liegen an. Die Hinterläufe sind mäßig gewinkelt.
Pfoten:	Kurz, rund und fest geschlossene, nach oben gewölbten Zehen (Katzenpfoten) mit dunklen Nägeln und harten Sohlen.
Haarkleid:	Das Körperhaar soll hart und dicht sein. Am Kopf bildet es den besonderen Schmuck durch buschige und stachelige Brauen, eine kranzförmige Einfassung der Augen, einen stattlichen Bart, Schopf- und Backenbehaarung. Auch das Kopfhaar soll möglichst hart, strähnig und radial abstehend sein. Es trägt wesentlich zu dem an ein Äffchen erinnernden Gesamteindruck bei, auf den der Rassename zurückzuführen ist.
Farben:	Schwarz; grauer oder brauner Anflug ist zugelassen.

Pflegeanweisung

Vor dem Bad

Rumpf und Hintergliedmaßen nur leicht übertrimmen, um die kompakte Form des Körpers und die wenig gewinkelte Hinterhand in der gewünschten Form zu erhalten. Das Rückenhaar bis zum Ende der Schulterknochen stehen lassen. Vom Rückgrat nach den Seiten hin allmählich abstufen und die Haare von über 3 cm Länge mit dem Trimmmesser auszupfen. Hals bis zum ersten Wirbel des Widerristes sowie die Vorbrust länger lassen. Obere Linie am Nacken beginnend bis zur Kruppe leicht abfallend, das heißt nach hinten hin, kürzer trimmen.

Nach dem Bad

Wenn notwendig, etwas nachputzen.

Rute: Oberseite dem Rückenhaar anpassen, Unterseite kürzer, Übergänge mit der Modellierschere ausgleichen.

Kopf: Kopfhaar vom Hinterhauptstachel nach vorn kämmen, überstehende Spitzen heraustrimmen und um die Augen herum vorsichtig mit der Effilierschere freischneiden.

Ohren: Zupfen oder mit dem 2-mm-Scherkopf scheren.

Läufe: Vorderläufe vertikal herunterschneiden, auf den Ellenbogen kurz halten. Hintermittelfuß dem Beinhaar angleichen. Felllänge an der Vorderseite der gesamten Hinterhand belassen und an der Rückseite für einen geraden Abschluss mit der Modellierschere kürzen.

Pfoten: Rund schneiden, um die „Katzenpfoten“ zu betonen.

Afghanischer Windhund

Auszüge aus dem Standard

Allgemeines Erscheinungsbild:	Ein Hund von kräftigem und würdevollem Aussehen. Seine Haltung ist stolz, der Ausdruck intelligent, von orientalischer Art. Die gesamte Erscheinung soll den Eindruck von Macht und Selbstbewusstsein vereint mit Schnelligkeit und Kraft erwecken. Der Kopf muss hoch und stolz getragen werden. Widerristhöhe bei Rüden 68 bis 74 cm, bei Hündinnen 63 bis 69 cm.
Kopf:	Langer Fang, mächtiger Kiefer, regelmäßiges Gebiss. Schädel lang, nicht zu schmal, Stopp schwach betont, mit ausgeprägtem Hinterhauptstachel und mit langem Haar besetzt.
Ohren:	Tief angesetzt mit langen, seidigen Fransen.
Hals:	Lang, stark, mit stolzer Haltung des Kopfes.
Rumpf:	Der Brustkorb ist tief, mit gut gezeichneten Rippen. Rücken gerade, mäßig lang, bemuskelte, ausgeprägte Hüfthöcker. Lenden gerade, kräftig und eher kurz.
Rute:	Nicht zu kurz, mit einem Ringel am Ende, schwach befedert.
Läufe:	Vorderläufe von gutem Knochenbau, gerade und mit dicht am Körper anliegenden Ellenbogen. Schultern lang, schräg, bemuskelt. Hinterhand gut gewinkelt; große Entfernung zwischen Hüfte und Sprunggelenk, eher kurz zwischen Sprunggelenk und Pfote.
Pfoten:	Kräftig und breit, Zehen gut gewölbt, mit langem, dichtem Haar besetzt; Hinterpfoten lang, nicht so breit wie die vorderen, aber ebenso mit langem Haar versehen.
Haarkleid:	Sehr lang, seidig am ganzen Körper. Ausgenommen sind der Rücken von der Schulterblattspitze bis zum Rutenansatz und das Vorgesicht.
Farben:	Alle Farben.

Pflegeanweisung

Vor dem Bad

Vor dem Bad ist es unbedingt wichtig, jede und sei es eine noch so kleine Spur von Filz aus dem langen Haar zu entfernen. Nur so kann man den optimalen Effekt beim Baden erzielen.

Der Junghund hat auch auf dem Rücken langes Haar, das man, wenn es beim ersten Haarwechsel nicht verloren gegangen ist, entfernen muss. Nehmen Sie ein wenig Haar zwischen Daumen, Zeige- und Mittelfinger und zupfen Sie so die Decke von der Schulterblattspitze bis zum Rutenansatz glatt. Auf dem Widerrist bleibt das Haar als sogenannter „Steg" etwas länger. Mithilfe von einem Trimmstein geht es einfacher. Seitlich sollte man nicht zu weit heruntertrimmen. Wie ein „Sattel" soll die Decke wirken. Beim ausgewachsenen Hund ist es notwendig, den „Flaum", das heißt das tote Haar des Rückens, regelmäßig abzutrimmen.

Rute: Oben und seitlich sehr kurz trimmen oder scheren. Unterseite vom längeren Haar des Rutenansatzes über etwa ein Drittel sich verjüngend stehen lassen, die letzten zwei Drittel bis zur Spitze so kurz wie die Oberseite trimmen oder scheren.

Vorgesicht: Totes Haar von Nase und Oberkiefer entfernen, ein Bart am Unterkiefer darf bleiben.

Baden

Benutzen Sie zum Baden immer nur ein sehr gutes Shampoo für langhaarige Hunderassen, dem dann eine Feuchtigkeit spendende Spülung oder eine lezithinhaltige Packung folgen sollte. Vor Ausstellungen empfiehlt es sich, ein antistatisches Mittel zu verwenden. Während die Spülung oder Packung einwirkt, können Sie noch einmal mit einem großzackigen Kamm oder einer Softbürste vorsichtig durch das lange Haar fahren.

Nach dem Bad

Mit der Softbürste das lange Haar glattziehen und langsam, also nicht zu heiß, föhnen.
Pfoten nur zwischen den Ballen mit einem 1-mm-Scherkopf ausscheren.
Die Haare in der Intimzone mit einem 2- oder 3-mm-Scherkopf etwas einkürzen.
Die Haare an den Pfoten können mit einer gebogenen Schere rund geschnitten werden.
Am Hinterbein schneiden wir einen leichten Teller im 45°-Winkel zwischen Ballen und Sprunggelenk.

Airedale Terrier

Auszüge aus dem Standard

Allgemeines Erscheinungsbild:	Ein muskulöser, aktiver, ziemlich kompakter Hund ohne Anzeichen von Hochläufigkeit oder unverhältnismäßiger Körperlänge. Widerristhöhe bei Rüden 58 bis 61 cm, bei Hündinnen 56 bis 59 cm.
Kopf:	Langer Kopf, flacher Schädel, glatte Wangenpartie, starker Fang.
Ohren:	V-förmig, nach vorn fallend.
Rumpf:	Langer, eleganter, aber kräftiger Hals; kurzer, ebener, kräftiger Rücken. Nicht zu breite Front, tiefe Brust, gut aufgerippt.
Rute:	Hoch angesetzt.
Läufe:	Stark, knochig und gerade. Hinterhand gut gewinkelt und bemuskelt.
Pfoten:	Klein und rund.
Haarkleid:	Rauhaar; doppelte Behaarung aus kurzer, weicher Unterwolle und dichtem, drahtigem Deckhaar, glatt und flach anliegend; nicht so lang, dass es struppig wirkt; Körper und Läufe bedeckend.
Farben:	Lohfarben mit Schwarz oder Grau auf Sattel, Nacken und Schwanzoberseite.

Pflegeanweisung

Vor dem Bad

Das Haar ist zu trimmen oder zu scheren, wie im Folgenden beschrieben wird:

Kopf: Oberkopf kurz trimmen oder scheren mit einem 3- oder 5-mm-Scherkopf. Wangenpartie vom äußeren Augenwinkel zum unteren Ohransatz sehr kurz trimmen oder mit einem 3- oder 4-mm-Scherkopf scheren. Grenzlinie zum Hals ist der Unterkiefer.

Ohren: Innen und außen komplett abtrimmen oder mit dem 2-mm-Scherkopf scheren.

Rumpf: Hals von der Kehle bis zu den Lippenwinkeln und vom unteren Ohransatz über den Oberarm bis zum Ellenbogengelenk sehr kurz trimmen oder mit dem 4- oder 5-mm-Scherkopf scheren.
Von der Kehle bis zum Ellenbogengelenk die ganze Vorbrust trimmen oder mit dem 4- oder 5-mm-Scherkopf scheren. An den Ellenbogen einen harmonischen Übergang zum Bein trimmen oder die Maschine etwas ins Bein auslaufen lassen (länger werden). Unter den Achseln mit dem 2- oder 3-mm-Scherkopf scheren, da das Fell hier meistens verknotet. Den Intimbereich mit dem 3-mm-Scherkopf scheren.

Topline: Die gesamte obere Linie ist abzutrimmen oder wahlweise mit einem 5- bis 9-mm-Scherkopf zu scheren. An den Seiten an der breitesten Stelle des Hundes mehr Haare stehen lassen und einen harmonischen Übergang trimmen/scheren (auslaufen lassen).

Läufe: An den Vorderläufen vom kürzeren Haar der Oberarme den Übergang trimmen und das Haar nur so weit kürzen, dass der Vorderlauf säulenförmig senkrecht zum Boden steht.

Das offene Gothic Window sollte wie bei allen hochläufigen Terrier wie folgt aussehen: Hinterläufe von der Afterregion bis zum Kniegelenk kurz trimmen oder schneiden, um die Winkelung zu betonen. Oberschenkel abtrimmen, wobei die Übergänge zu Flanke und Kruppe ohne Absatz sein sollten. Das Haar an Knie und Sprunggelenk länger lassen. Der hintere Mittelfuß sollte „rund" sein.

Underline: Die Untere Linie sollte schräg nach unten vom Tuck-Up (höchste Punkt der unteren Linie) zur Brusttiefe verlaufen. Der Tuck-Up sollte rund sein und unter den letzten Rippenbogen gesetzt werden. Hierfür verwenden Sie am besten Ihre Fingerspitzen oder die gebogene Schere.

Nach dem Bad

Die geschorenen Körperteile nachscheren, bei den getrimmten Partien noch überstehendes Haar entfernen, eventuell mit der Modellierschere. Flankenränder nachschneiden, um den aufgezogenen Unterbauch zu betonen.

Kopf: Hinter dem Stirnhöcker beginnend den Oberkopf flach, den Übergang zum Hals ohne Absatz, aber mit betontem Hinterhauptstachel nachtrimmen.
Von der kurz geschorenen Wangen- und Kehlpartie einen Übergang zum Bart mit dem Trimmmesser oder mit der Modellierschere schaffen. Die Brauen mit der Modellierschere keilförmig, am äußeren Augenwinkel kurz, am inneren länger schneiden.
Die obere Linie des Bartes von den Augenbrauen bis zum Nasenspiegel so ausdünnen, dass von der Seite gesehen die Linie vom Hinterhauptstachel zum Nasenspiegel waagerecht verläuft. Jetzt den Bart in eine rechteckige Form bringen, unter den Augen überstehendes Haar entfernen, das vordere Drittel an der unteren Linie ungekürzt lassen und von dort zum Lippenwinkel in einem eleganten Bogen kürzen.

Läufe: Die Haare nochmals nachzupfen oder mit der Schere etwas die Spitzen abnehmen und begradigen.

Pfoten: Ballenränder umschneiden. Die Krallen dürfen etwas sichtbar sein, aber auf der Pfote sollte man so viel Haar stehen lassen, dass sie nicht „abgeknickt" wirkt.

American Cocker Spaniel

Auszüge aus dem Standard

Allgemeines Erscheinungsbild:	Hund von angenehmem Aussehen, mit einem fein gezeichneten Kopf, auf gerade Läufe gestellt, gut erhöht an Schultern, mit kompaktem, breitem Körper und bemuskelten Läufen. Widerristhöhe bei Rüden 38 cm, bei Hündinnen 36 cm.
Kopf:	Ein gut proportionierter Kopf muss vor allem im Verhältnis zur Gesamtheit des Hundes stehen. Die Entfernung vom Nasenspiegel bis zum Stopp müsste die Hälfte der Entfernung vom gleichen Punkt des Stopps bis zum Schädelansatz ausmachen.
Lefzen:	Die Oberlefze muss von ausreichender Tiefe sein, um den Unterkiefer zu bedecken, und zwar so, dass sie ein quadratisches Aussehen ergeben.
Fang:	Breit und tief, mit quadratischem und breitem Kiefer.
Schädel:	Gut entwickelt, ziemlich breit, weder zu flach noch zu stark abgerundet auf der oberen Partie (kuppelförmig). Um die Augenhöhle herum muss das Skelett gut gezeichnet sein. Der Kopf darf keine Völle unter den Augen oder bei den Wangen aufweisen. Diese Partien müssen ebenso wie die Fangseiten flach und klar aussehen.
Ohren:	Birnenförmig; auf einer Linie angesetzt, die nicht höher als die tiefste Partie der Augen ist, mit feinem und so langem Knorpel, dass er den Nasenspiegel erreicht. Sie sind mit langem, seidigem, geradem oder gewelltem Haar bedeckt.
Hals:	Muss genügend lang sein, sodass der Fang den Boden erreicht; bemuskelt und ohne Wamme. Muss kräftig aus der Schulter hervorragen, sich leicht wölben und verschmälern, um sich mit dem Kopf zu verbinden.

Auszüge aus dem Standard

Rumpf:	Die Widerristhöhe muss sich möglichst der Entfernung vom Widerrist zum Rutenansatz annähern. Der Brustkorb muss tief und an seinem niedrigsten Punkt nicht höher als die Ellenbogen sein. Die Vorbrust ist ausreichend weit, um Herz und Lungen genügend Raum zu geben. Der Körper muss kurz, die Tiefe bei den Flanken etwas geringer als bei den letzten Rippen sein. Rücken ist kräftig, gleichmäßig schräg vom Widerrist bis zum Rutenansatz. Breite Hüften, gut abgerundete und bemuskelte Hinterhand. Der Körper muss im Ganzen kompakt und geballt wirken.
Rute:	In Linie mit dem Rückenprofil angesetzt und getragen.
Läufe:	Schultern kräftig, gut gezeichnet, schräg ohne Übertreibung und so gestellt, dass die oberen Schulterblattspitzen einen Winkel bilden, der eine weite Wölbung der Rippen gestattet. Die Vorderläufe sind gerade, Knochenbau und Muskulatur kräftig, nahe am Körper und gut unter die Schulterblätter gestellt. Ellenbogen gut gesenkt und weder einwärts noch auswärts gedreht. Vordermittelfuß kurz und kräftig. Die Hinterhand mit kräftigem Knochenbau und Muskulatur; gut gewinkelte Kniegelenke, mächtige, gut gezeichnete Keulen; Sprunggelenke stark, gut gewinkelt, parallel, sowohl in Bewegung als auch in Ruhestellung.
Pfoten:	Kompakt, rund und geschlossen, mit kräftigen und ledernen Ballen und Haaren zwischen den Zehen.
Haarkleid:	Kurz und schön am Kopf, glatt oder leicht gewellt, nie gelockt am Körper; von seidiger Struktur, mittlerer Länge, mit ausreichender Unterwolle. Die Behänge, der Brustkorb, der Bauch und die Läufe müssen gut befranst sein.
Farben:	Schwarz; alle Einfarbigen außer Schwarz; mehrfarbig.

Pflegeanweisung

Vor dem Bad

Kopf: Oberkopf mit einem 2- oder 3-mm-Scherkopf scheren. Vom Stirnbein in der Augenmitte angefangen ein „Dreieck“ stehen lassen, dessen Spitze in Höhe des vorderen Ohransatzes liegt. Stopp und runder Kopf werden durch den „Pony“ betont. Das Vorgesicht fein ausscheren mit dem 2-mm-Scherkopf, dabei am Unterkiefer die Lefzenfalte beachten! Da die oberen Lefzen von ausreichender Tiefe sein sollen, kann man dort die Haare etwas länger stehen lassen, um dem Kopf ein quadratisches Aussehen zu verleihen.

Ohren: Das oberste Drittel vom Ohransatz außen und innen mit einem 2- oder 3-mm-Scherkopf scheren.

Hals: Untere Halsseite bis zur Brustbeinspitze gegen den Strich V-förmig mit einem 7F (3- bis 4-mm-Scherkopf) scheren. Obere Halsseite vom unteren Ohransatz abwärts und vom Oberkopf zum längeren Haar des Rückens zupfen und mit einem Trimmmesser, einem alten kurzen Scherkopf oder einem Coat King vorsichtig die Wolle rauscarden. Sobald das tote, helle Fell entfernt ist, kann man darunter eine dunkle satte Farbe erkennen.

Rumpf: Überstehendes und welliges Haar mit einem Trimmstein oder stumpfen Messer zupfen. Die seitliche Brust tief heruntertrimmen, um die Brustwölbung zu betonen. Um den After herum mit einem 2- oder 3-mm-Scherkopf sauber scheren.

Rute: Mit der Schere in Form eines Fleischermessers einkürzen.
Sollte der Hund an Brust und Bauch stark verfilzt sein, kann man den Filz bei Hunden, die nicht ausgestellt werden, vorsichtig herausscheren. Wenn das äußere Haarkleid erhalten bleibt, sieht man es gar nicht. Das Beinhaar kann man schon vor dem Baden etwas kürzen, wenn der Hund sehr viel Haar hat oder/und verfilzt ist.

Läufe: Voll belassen. Die Vorderansicht soll gerade, säulenförmige Beine zeigen, die Hinterläufe sollen bemuskelt erscheinen, damit der Hund geballte Kraft ausdrückt. Deshalb das Haar des Oberschenkels etwas länger lassen, falls der Hund eine schwache Hinterhand hat. Sonst seitlich kurz trimmen, damit die Muskulatur gut sichtbar wird.

Nach dem Bad

Die geschorenen Partien nachscheren. Den Übergang vom geschorenen Oberkopf zum längeren Haar der Haube mit der Modellierschere nacharbeiten. Die geschorenen Stellen am Ohr mit einer kleinen Pfotenschere sauber nachschneiden.
Übergänge vom geschorenen Teil des Kopfes und des Halses zum längeren Haar mit der Modellierschere schaffen und ebenso überstehendes Haar an Rumpf und Rute entfernen.

> ***Wichtig!***
> *Ausstellungshunde dürfen ausschließlich nur getrimmt, aber nicht geschoren werden.*

Läufe: Vorderläufe vertikal, ohne Absatz in Richtung Fuß schneiden.
Hinterläufe vom kurzen Haar um den Sitzhöcker bis zum Sprunghöcker effilieren; die Winkelung nur andeuten. Den Hintermittelfuß vertikal und säulenförmig der Größe der Pfote anpassen.

Pfoten: Zwischen den Ballen mit dem 1-mm-Scherkopf ausscheren. Darauf achten, dass die Haare von außen nicht mit abgeschoren werden. Einen leichten Teller zwischen Ballen und Sprunggelenk mit der gebogenen Schere schneiden und Pfoten ringsum leicht abrunden. Das volle Beinhaar auf der Rundung enden lassen.

Australian Shepherd

Auszüge aus dem Standard	
Allgemeines Erscheinungsbild:	Gut proportioniert, etwas länger als hoch von mittlerer Größe und Knochenstärke. Gut bemuskelt, jedoch ohne Schwere. Mittellanges und mäßig grobes Haar. Widerristhöhe Rüden 51 bis 58 cm, Hündinnen 46 bis 53 cm.
Kopf:	Flach bis leicht gewölbt; die Schädellänge entspricht der Schädelbreite. Der Stopp ist mäßig ausgeprägt.
Ohren:	Dreieckig von mäßiger Größe und Dicke, hoch angesetzt; kippen nach vorn oder nach der Seite wie ein Rosenohr. Stehhoren oder Hängeohren sind schwere Fehler.
Hals:	Kräftig von mäßiger Länge, Oberlinie leicht gewölbt.
Rumpf:	Rücken gerade und kräftig. Brust nicht breit, aber dafür tief. Untere Profillinie und Bauch mäßig aufgezogen.
Rute:	Gerade, naturbelassene Länge oder natürliche Stummelrute.
Läufe:	Vorderläufe gerade und kräftig mit eher ovalem als rundem Querschnitt. Breite der Hinterhand ungefähr gleich wie die der Vorderhand.
Pfoten:	Oval, kompakt mit gut gewölbten Zehen, Ballen dick und elastisch.
Haarkleid:	Von mittlerer Textur, gerade bis gewellt und von mittlerer Länge. Kurz und glatt am Kopf, an den Ohren, an der Vorderseite der Vorderläufe und unterhalb der Sprunggelenke. Die Hosen sind mäßig befedert. Mähne und Halskrause mäßig ausgebildet, bei Rüden mehr als bei Hündinnen.
Farben:	Blue-Merle, Schwarz, Red-Merle, Rot; alle mit oder ohne weiße und/oder kupferfarbene Abzeichen.

Pflegeanweisung

Vor dem Bad

Bürsten Sie die Unterwolle und eventuelle Verfilzungen vor dem Baden gründlich aus.
Die Pfotenunterseite mit einem 1-mm-Scherkopf versäubern.
Eventuell Ohren mit einem Ohrreiniger säubern und Krallen kürzen.

Baden

Waschen Sie den Hund mit einem speziellen Unterwollshampoo oder auch einem farbauffrischenden Shampoo. Gegebenenfalls können Sie anschließend noch eine feuchtigkeitsspendende Spülung verwenden. Setzen Sie dem Hund ein Hoodie auf und blowen die Unterwolle aus. Wichtig dabei ist, das Fell in Wuchsrichtung und nach unten zu blowen. Das Fell sollte glatt anliegen. Wenn der Hund vollständig trocken ist, nochmals gut durchbürsten.

Nach dem Bad

Pfoten: Pfoten mit der Pfotenschere sauber umranden. Die Haare aus den Zwischenräumen mit einer kleinen Bürste herauskämmen und aufstellen und mit einer gebogenen Schere so einkürzen, dass die Pfote optisch gut aufgeknöchelt erscheint.

Beine: Am Vorderbein die Haare vom Ballen aufwärts mit der Pfotenschere senkrecht ca. 2 cm anschneiden (siehe Abb. 1).
Hinterbein in die Hand nehmen und die Haare am Teller alle zur linken Seite kämmen und vom Ballen zum Sprunggelenk die „Hawks“ einkürzen. Danach alle Haare zur rechten Seite kämmen und nochmals begradigen (siehe Abb. 2).

Rute: Bei NBT (Hund mit einem „natural Bobtail“, die also keine oder nur eine kurze Rute haben) schneidet man die Spitzen am Rutenende als sogenannten Smillie nach.

Ohren: Die oberen Spitzen, die etwas abstehen, mit ein bis zwei Schnitten der Modellierschere etwas ausdünnen.

Bei Ausstellungshunden kann man ein feuchtes Mikrofasertuch auf den leicht angefeuchteten Hund legen, damit die Haare glatt anliegen.

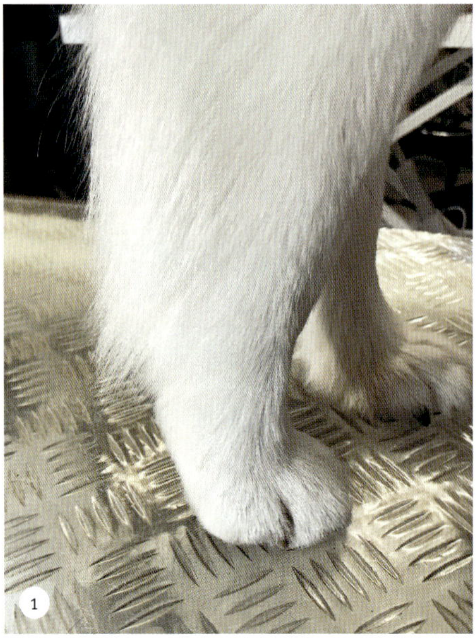

1

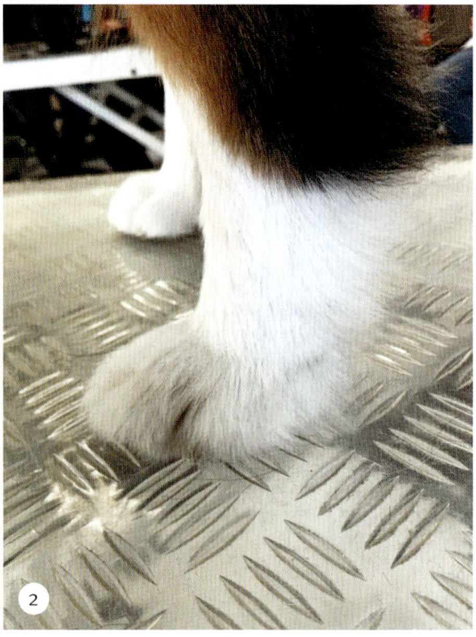

2

Bedlington Terrier

Auszüge aus dem Standard

Allgemeines Erscheinungsbild:	Der Bedlington Terrier hat einen stark bemuskelten Körper, einen geschwungenen Rücken mit einer leicht abfallenden Kruppe. Der Kopf des Bedlington Terriers sollte lang und kräftig sein in Form eines Hammers. Seine Ohren sind tief angesetzt und hängend. Die Augenfarbe variiert je nach Farbe des Haarkleides. Die Augen sind klein und von vorn durch das Haar nicht sichtbar. Das feine Fell wird gestärkt durch einzelnes hartes Grannenhaar, das ihm Stand verleiht. Die Wiederristhöhe bei Rüden 40 bis 43 cm, bei Hündinnen 38 bis 41 cm.
Kopf:	Langer, kräftiger, doch schmaler Kopf, deutlicher Stirnansatz. Augen klein, glänzend und tief liegend.
Ohren:	Tief angesetzt und flach an den Wangen herabhängend; an der Spitze des Ohres ein diamantförmiger Puschel mit wattigem Fell hängend.
Hals:	Lang und tief im Ansatz. Der Hals muss sich gut aus den Schultern herausheben und den Kopf ziemlich hoch tragen.
Rumpf:	Bemuskelt, doch auffallend geschmeidig; die Brust flachrippig und tief, gut aufgerippt, dabei mäßig breit. Der Rücken leicht gebogen, die Lendenpartie auffallend hochgezogen.
Rute:	Von mäßiger Länge, dick am Ansatz, zur Spitze verschmälert und tief angesetzt, darf nicht über dem Rücken getragen werden.
Läufe:	Vorderläufe gerade, an der Brust weiter auseinander als an den Füßen. Ohne schwache Stelle. Schultern flach und abgeschrägt. Hinterhand bemuskelt und von mäßiger Länge. Die Hinterläufe wirken durch den leicht gebogenen Rücken und die hochgezogene Lendenpartie länger als die Vorderläufe; die Sprunggelenke kräftig und tief.
Pfoten:	Lange Hasenpfoten mit dicken und gut geschlossenen Ballen.

Auszüge aus dem Standard

Haarkleid:	Dicht, doch sehr fein und seidig weich, wird durch hartes Grannenhaar gestärkt und verleiht dem Haar den nötigen Stand. Deutliche Neigung zur Locke.
Farben:	Blue, Sandy, Liver, Liver and Tan, Blue and Tan.

Pflegeanweisung

Vor dem Bad

Kopf: Beginnen Sie einen Finger breit über dem Brustbein. Scheren Sie V-förmig bis zum Ohrknorpel und von dem Ohrknorpel eine gerade saubere Linie bis zum Augenwinkel, dann von dem Augenwinkel eine weitere Linie bis zum Lefzenansatz. Der Unterkiefer wird komplett frei geschoren. Darauf achten, dass die Lefzen-Winkel sauber geschoren sind. Direkt unter der Nase an der Ober- und Unterlippe ca. 2 cm breit freischeren.

Ohren: Die Puschel an den Ohren sollten beim Nachvorneziehen zur Nase den Nasenrücken nicht überdecken. Kürzen Sie die Puschel mit einer geraden Schere. Der Rest der Ohren wird mit einem 1- oder 2-mm-Scherkopf, je nach Empfindlichkeit des Hundes gegen oder mit dem Strich, außen und innen geschoren. Dabei ist darauf zu achten, immer von innen nach außen zu scheren. Besonders auf die Falte am hinteren inneren Ohrenrand („doppelte Ohrfalte“) achten! Hier besteht sonst Verletzungsgefahr! Der Ohrenrand wird mit einer kleinen Pfotenschere bis zum Rand des Ohres geschnitten. Hilfreich ist hier, die Ohrränder etwas mit Wasser zu befeuchten. So kann man den- Ohrenrand besser erkennen.
Hals: Mit einem 3- oder 6-mm-Scherkopf vom unteren Ohransatz bis zum Schulterblatt, seitlich über den Oberarm bis zum Ellenbogengelenk und die Unterseite von der Kehle bis unter das Brustbein auslaufend scheren.
Rumpf: Unterbauch mit dem 3-mm-Scherkopf sauber scheren. Hinterhand-Winkelung mit einem 3- oder 6-mm-Scherkopf von den Rosettenwirbeln bis nach unten zum Sprunggelenk scheren.
Rute: Afterregion und Rutenunterseite mit dem 1- oder 2-mm-Scherkopf gegen den Strich scheren, die Oberseite und die Seiten der Rute ebenfalls scheren. Das Haar am obersten Drittel der Rute bleibt V-förmig nach unten stehen und wird nach dem Baden mit der Schere angeglichen.

Nach dem Bad

Alle geschorenen Partien sauber nachscheren.
Kopf: Entlang der Lefze mit einer gebogenen Schere sauber bis zur Lefze kurzschneiden. An der Linie vom Lefzenwinkel bis zum Ohr entlangschneiden und dem geschorenen Fell angleichen. Die Seite des Kopfes mit einer geraden Schere parallel zum Hund bis nach hinten geradeschneiden. Wenn man den Hund von vorn anschaut, sollten die Seiten gerade nach hinten verlaufen. Die Augen leicht ausschneiden, jedoch sollten sie vorn nicht sichtbar sein (siehe Abb. 1 nächste Seite). Oberkopf sollte gerade bis nach hinten zum Hinterhauptstachel verlaufen. Keinen Bogen schneiden! Eine gerade Schere benutzen und die Schere auf der Nase seitlich ansetzen und über der Nase hochschneiden. Nun die Schere gerade nach hinten ansetzen und eine gerade Linie bis nach hinten schneiden (siehe Abb. 2 nächste Seite). Der Hinterkopf sollte leicht abgerundet sein. (Kopf soll aussehen wie ein Hammer!)
Ohren: Ränder des geschorenen Ohres nachschneiden. Der Puschel sollte nicht länger als bis zur Nase gehen. Mit einer geraden Schere abschneiden.
Rumpf: Übergang von der Schulter ins Bein auslaufend schneiden, von vorn soll das Vorderbein eine gerade Linie geben. Von der Schulter nach hinten bis zum Tuck-Up (höchster Punkt der unteren Linie) eine gerade Linie schneiden.

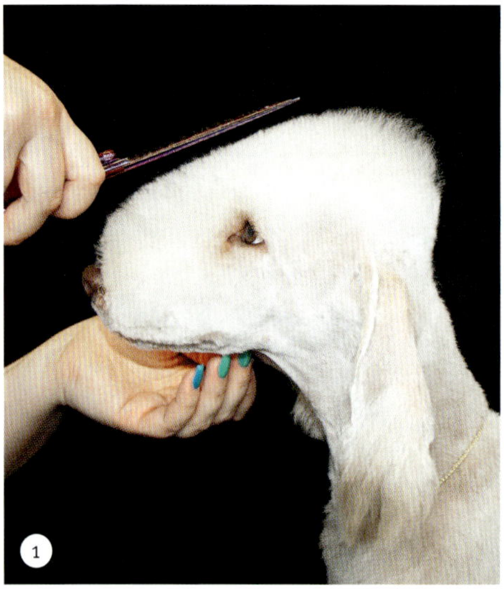

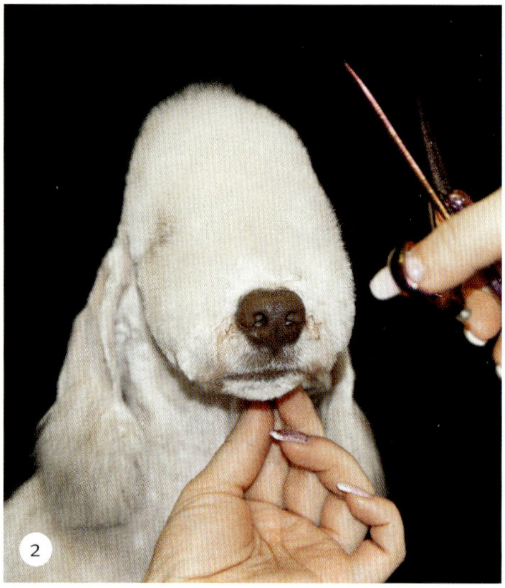

Tuck-Up schön rund ausarbeiten und nach vorn hin die untere Linie mit einem leichten Bogen nach unten schneiden. Rückenlinie vom kurzen Haar des Widerristes länger werdend und im eleganten Bogen bis zum kürzeren Haar der abfallenden Kruppe schneiden, um die aufgezogene Lendenpartie und die leicht gebogene Rückenlinie zu betonen. Rutenoberseite angleichen.

Läufe: Vorderbein gleichmäßig rund und säulenförmig mit einer geraden Schere schneiden, auf der Außenseite des Ellenbogens kürzer. Es darf kein Absatz zum geschorenen Teil des Oberarms entstehen. Das Hinterbein sollte immer volumengleich zum Vorderbein sein. Begonnen wird am Oberschenkel, der sollte mit einer gebogenen Schere von hinten nach vorn in einer leichten Rundung geschnitten werden, oben schmäler und nach unten hin ein wenig länger werdend. Das Gleiche an der Innenseite. Das Knie sollte leicht betont werden und von unten nach oben in einem leichten Bogen geschnitten werden. Die Pfotenunterseite sollte an den Ballen mit dem 1-mm-Scherkopf ausgeschoren werden. Die Pfote wird entlang den Ballen geschnitten, dabei sollten die Krallen nicht sichtbar sein.

Zum Schluss den Hund vom Tisch nehmen, damit er sich schütteln kann. So kann man am besten einen Gesamteindruck erhalten und kann anschließend alles, was einem noch nicht gefällt, nachschneiden.

Bichon à poil frisé

Auszüge aus dem Standard

Allgemeines Erscheinungsbild:	Gut proportionierter, kleiner Hund mit dichtem Haar und über dem Rücken getragener dicht befederter Rute. Dicht gekräuseltes, korkenzieherartiges weißes Haar. Der Kopf wird stolz und aufrecht getragen. Widerristhöhe bei Rüden und Hündinnen zwischen 25 und 29 cm.
Kopf:	Das Verhältnis vom Vorgesicht zum Oberkopf beträgt 3:5. Bei einem korrekten Vorgesicht kann man sich von den äußeren Augenwinkeln zur Nase ein gleichschenkliges Dreieck denken. Mäßiger Stopp; eine deutlich erkennbare Furche zwischen den Augenbrauen soll sichtbar sein. Oberkopf nur leicht gerundet mit Haar, das den Eindruck des runden Kopfes betont.
Ohren:	Dicht am Kopf anliegend, mit leichtem Haar bedeckt, das länger als das Ohrleder sein soll.
Hals:	Lang, mindestens ein Drittel der Körperlänge, schlank und elegant in die Schulterpartie übergehend.
Rumpf:	Gut entwickelte Vorbrust; tiefe Brust, gut gewölbtes Rippenschiff. Breite Lende, bemuskelt; leicht gewölbte Rückenlinie mit aufgezogenem Unterbauch. Die Länge des Rückens soll etwa der Entfernung vom Widerrist zum Boden gleichen.
Rute:	Graziös über dem Rücken getragen, aber nicht geringelt. Nur das Haar soll den Rücken berühren. Ansatz auf der Höhe der Rückenlinie.
Läufe:	Vorhand senkrecht zum Boden stehend und nicht zu feinknochig. Von vorn gesehen kurz und gerade; von der Seite gesehen leicht schräg nach vorn. Oberschenkel der Hinterhand breit und gut gerundet. Gute Winkelung. Hintermittelfuß senkrecht zum Boden stehend.
Pfoten:	Geschlossen, rund und gut aufgeknöchelt.
Haarkleid:	Leicht gekräuselt mit Unterhaar, ähnlich der mongolischen Ziege.
Farben:	Weiß.

Pflegeanweisung

Vor dem Bad

Voraussetzung für das Gelingen eines perfekten Schnittes ist, dass das Haar auch nicht die kleinste Verfilzung aufweist, wenn der Hund gebadet wird. Geschnitten wird nichts vor dem Bad.

Baden

Es empfiehlt sich, den Hund mit einem tiefenreinigenden Vorwaschshampoo zu waschen. Das zweite Waschen kann mit einem Whitening-Shampoo erfolgen. Eine Spülung sollte man vor dem Schneiden nicht verwenden, da das Fell sonst zu weich wird und keinen Stand mehr hat.

Nach dem Bad

Ziehen Sie dem Hund ein Hoodie zum Lärmschutz über. Mit einem Blower föhnen Sie ihn bis auf den Kopf zu 85 % trocken. Danach mit einer Drahtbürste und einem Standföhn glatt und trocken föhnen. Den Luftstrahl immer dahin stellen, wo die Haare noch glatt werden müssen.
Auf 3 bis 4 cm Länge sollte das Haar seine natürliche Friséestruktur zeigen. Bei dieser Rasse arbeitet man am besten von hinten nach vorn.

Rumpf: Vom Rutenansatz bis zu den Schulterblattspitzen mit einer geraden Schere schneiden, wobei die Haarlänge sich nach der Fülle und Struktur des übrigen Haares richtet. Der Bichon sollte von hinten eher kastenförmig und leicht abgerundet aussehen, in gleicher Seitenlinie, ohne Taillenbetonung. Schaffen Sie Übergänge zur Flanke und zur seitlichen Brust und den Oberschenkeln.

Der Anstieg zum Nacken und Kopf beginnt etwa drei Finger breit nach dem Vorderbeinende. Der Bogen verläuft rund und dann steil nach oben zum Kopf und wird dort ebenfalls schön abgerundet. Unter den Ohren ist das Fell kurz und wird Richtung Nacken länger. Ein Bichon sollte wie ein Pudel ein sehr schönes Finish (sauberes Schnittbild) haben. Er sollte wie gezeichnet aussehen. Es dürfen keine Flusen abstehen!

Die untere Linie verläuft vom Tuck-Up (höchster Punkt der unteren Linie) aus rund zum Ellenbogen. Wenn man einen Kamm am hinteren Zehenende parallel zur Taille hält, sieht man den höchsten Punkt und kann von dort aus schräg nach unten in Richtung Vorbrust schneiden. Alles sollte abgerundet sein. Ein Bichon hat keine harten oder eckigen Kanten. Die obere Linie wird auf dem Rücken gerade mit der Schere geschnitten, die Seiten werden abgerundet. Afterregion und die Rückseite der Oberschenkel (Hinterhand Winkelung) gut ausarbeiten.

Rute: Die Unterseite des Ansatzes der Afterregion anpassen. Ansonsten wird an der Rute nichts geschnitten, da sie später auf dem Rücken getragen wird. Rute beim Schneiden des Hinterteils nach oben halten, um den Teil an den Sitzbeinhöckern schön rund und betont ausarbeiten zu können.

Läufe: Die Vorhand vom Schulterblatt über den Oberarm bis zur Pfote in vertikaler Linie schneiden. Rückseite des Unterarms bis zum Vorderfußwurzelgelenk und von da in einer leichten Schräge zum Ballenrand schneiden. Der Unterarm soll wie eine Säule wirken. Bei der Hinterhand das rückwärtige Profil bis zum Sprunggelenk mit deutlich betonter Winkelung, das vordere mit betontem Knie schneiden. Den Hintermittelfuß säulenförmig rund bis zur Pfote schneiden. Es sollte kein Absatz zwischen Hintermittelfuß und Pfote entstehen.

Pfoten: Ballenränder umschneiden, zwischen den Ballen mit dem 1-mm-Scherkopf frei scheren. Dabei aufpassen, dass keine Haare von außen mit abgeschoren werden. Pfoten sollten schön rund geschnitten werden (keine Hasenpfoten!). An den Hinterbeinen einen leichten Teller vom Ballen zum Sprunggelenk schneiden.

Hals und Vorbrust: Angleichen und in sanftem Bogen in das Haar der Unterbrust einmünden lassen. Die untere Linie der Brust zum Bauch hin sollte leicht ansteigen und im runden Tuck-Up unter dem letzten Rippenbogen enden.

Kopf: Oberkopf rund, ohne Absatz zum Ohr. Das Ohr soll optisch in den Kopf integriert werden. Über den Augen ein kleines V nach vorn mit der gebogenen Schere stehen lassen, sodass der Kopf seinen typischen Schneeeulenlook bekommt. Das Auge sollte optisch nach hinten versetzt aussehen.
Vom unteren Lidrand das Haar in den Bart übergehen lassen, der so geschnitten werden soll, dass der Eindruck des kugelförmigen Kopfes unterstrichen wird. Die untere Linie des Bartes stumpf abschneiden und der Länge des Haares an der unteren Halsseite angleichen.
Alles an diesem Hund soll rund und gefällig wirken und ohne irgendwelche Absätze sein.

Pet-Clip

Abwandlungsarten zum Pet-Clip (siehe Seite 208ff.) können deutlich kürzer auch mit verschiedenen Snap-on-Aufsätzen bearbeitet werden. Hierbei sollte der Köper immer kürzer und die Beine mit einem längeren Aufsteckkamm geschoren werden. Sie können den Körper z.B. mit einem 10- oder 13-mm-Snap-on-Aufsatz scheren und die Beine mit einem 22- oder 25-mm-Snap-on-Aufsatz scheren. Übergänge dann angleichen und den Kopf je nach Wunsch auch mit einem langen Snap-on-Aufsatz oder mit einer gebogenen Schere rund schneiden. Den Rest mit der Schere deutlich mehr einkürzen.

Bobtail (Old English Sheepdog)

Auszüge aus dem Standard

Allgemeines Erscheinungsbild:	Ein im Ganzen robuster, kompakter, untersetzter und bemuskelter Hund. Widerristhöhe bei Rüden mindestens 61 cm, bei Hündinnen mindestens 56 cm.
Kopf:	Kiefer ziemlich lang, mächtig, quadratisch und stumpf. Der Stopp muss deutlich sein. Schädel groß und von ziemlich quadratischer Form. Über den Augen und im Ganzen gut behaart.
Ohren:	Klein und flach, an den Seiten des Kopfes getragen, mäßig behaart. Hals ziemlich lang und angenehm gekrümmt, gut behaart.
Rumpf:	Ziemlich kurz und sehr kompakt. Rippen gut hervorspringend, Brustkorb tief und breit, Lenden sehr stark und leicht gewölbt.
Läufe:	Vorhand absolut gerade und von gutem Knochenbau. Der Hund muss auf der Schulterhöhe niedriger sein als auf der Lendenhöhe. Keulen rundlich und bemuskelt, Sprunggelenke gut gebogen. Gesäßbacken und Keulen dicht und lang behaart, viel üppiger als auf den anderen Körperpartien.
Pfoten:	Klein und rund.
Haarkleid:	Langes, dichtes, üppiges Haarkleid; sehr gerades Fell frei von Locken. Unterwolle schützt das Haar vor Nässe.
Farben:	Alle Schattierungen von Grau, Grizzle oder Blau; Körper und Hinterläufe sind einfarbig oder mit weißen Socken; Kopf, Hals, Vorhand und Unterbauch weiß mit oder ohne Zeichnung.

Pflegeanweisung

Vor dem Bad

Der Bobtail ist ein sehr pflegeintensiver Hund. Gebürstet wird er wie jeder andere Langhaarhund am besten mit einer Drahtbürste mit langen Pins.

Baden

Waschen Sie den Hund mit einem tiefenreinigenden Vorwaschshampoo und anschließend mit einem feuchtigkeitsspendenden Langhaarshampoo. Spülung oder Haarkur darf danach gern zum besseren Kämmen und als Feuchtigkeitsspender verwendet werden. Achten Sie darauf, dass beim Föhnen das Haar auf dem Rücken angefangen bis etwa zum Beginn des Brustkorbs von hinten nach vorn gebürstet wird. Die Kruppe soll höher als der Widerrist liegen. Der optische Eindruck wird dadurch, dass das Haar „steht", verstärkt. Verwenden Sie dafür eine Bürste mit langen Pins (Zinken), dadurch kommt man besser bis auf die Haut.

Nach dem Bad

Wegen seines schwachen Hautpigments sollte der Bobtail möglichst nicht zu kurz geschoren werden! Wenn die Besitzer mit der Fellpflege nicht klarkommen, kann das Fell kürzer geschoren werden, dies erleichtert die Pflege. Nehmen Sie dafür einen Snap-on-Aufsatz in den Längen 13 bis 25 mm. Diese Länge ist dann nicht zu kurz, sodass der Hund nicht abgeschoren aussieht, sondern noch genügend Fell hat, dem man eine Form geben kann.

Rumpf und Läufe: Es kann am Körper ein kürzerer und an den Beinen ein längerer Scherkopf verwendet werden. Sie können entweder den Bauch und Brustkorb mitscheren oder einen kleinen Bauchbehang stehen lassen. Hierfür lassen Sie Ihren Scherkopf an der breitesten Stelle des Hundes (Rippenbogen) auslaufen. Stellen Sie die Seiten etwas auf und blenden die Haare mit einer Modellierschere ein. Die untere Linie wird vom runden Tuck-Up (höchster Punkt der unteren Linie) zum Ellenbogen schräg nach unten geschnitten. Die Brust soll optisch tiefer aussehen.
Die Arbeit des Bürstens und Kämmen erleichtert man sich mit einer groben Bürste wie z. B. der Christ Christensen Big K. Entfilzen können Sie beispielsweise mit der roten Activet Bürste oder einem Mat Breaker, bei dem man aber vorsichtig arbeiten muss, da er das Haar zerschneiden kann und somit Löcher im Fell entstehen können.

Pfoten: Die Pfoten werden zu einer runden Bärchen-Pfote geschnitten und die Länge des Beinhaares wird angepasst.

Kopf: Das Haar auf dem Kopf wird bei der richtigen Länge zu einem Top-Knot gebunden. Nutzen Sie hierfür ein Haargummi, dass die Füllmenge halten kann und die Haare nicht abbrechen lässt. Wichtig ist es, den Top-Knot nicht zu fest zu binden, denn dadurch würden die Augen in einem ständigen Zug nach oben gezogen und die Haut kann gereizt werden.

Bei einem kürzeren, pflegeleichten Schnitt (Pet-Clip siehe Seite 208ff.) werden die Haare unter den Augen mit einer Modellierschere kürzer geschnitten. Die Haare am Oberkopf können mit einem längeren Snap-on-Aufsatz geschoren werden, dabei wird von hinten nach vorn sternförmig geschoren.
Die Pfoten werden rund geschnitten und an der Unterseite mit einem 1-mm-Scherkopf geschoren. An der Rute die Spitzen wie ein Fleischermesser schneiden.
After und Geschlechtsteil mit einem 2- oder 3-mm-Scherkopf versäubern.

Hinweis

*Die Pflege des **Bearded Collies** entspricht der des Bobtails, daher wird diese Rasse hier nicht näher beschrieben.*

Bologneser

Auszüge aus dem Standard

Allgemeines Erscheinungsbild:	Klein, gedrungen und kompakt mit langem, weichem, reinweißem Haar. Widerristhöhe bei Rüden 27 bis 30 cm, bei Hündinnen 25 bis 28 cm.
Kopf:	Schädel leicht eiförmig, im oberen Teil eher flach. Hinterhauptfortsatz wenig ausgeprägt. Stopp ziemlich betont.
Ohren:	Hoch angesetzt, lang und herabhängend. An der Basis eher steif, sodass der Kopf breiter erscheint als er ist.
Hals:	Ohne Wamme, Länge entspricht der Länge des Kopfes.
Rumpf:	Gerade Rückenlinie und leicht konvexe Linie der Lenden. Geräumige Brust bis auf die Höhe der Ellenbogen herabreichend mit gut gewölbten Rippen. Untere Linie folgt dem Profil des Sternums und steigt danach leicht zum Bauch hin an.
Läufe:	Vorderläufe und Hinterläufe gerade und parallel.
Pfoten:	Oval mit dunklen, elastischen Pfotenballen; Hinterpfoten nicht ganz so oval wie die Vorderpfoten.
Haarkleid:	Am ganzen Körper lang, nur auf dem Nasenrücken kürzer. Lange Flocken, ziemlich abstehend, nicht anliegend, fest; bildet keine Fransen.
Farben:	Reines Weiß, leichte Elfenbeintönung führt nicht zum Ausschluss.

Pflegeanweisung

Der Bologneser darf für eine Ausstellung weder getrimmt noch geschoren werden. Ansonsten ist für ihn aber auch ein Pet-Clip (siehe Seite 208ff.) geeignet.

Der Bologneser sollte vor dem Schneiden mit einem Volumenshampoo gebadet werden. Spülung sollte beim Schneiden nicht verwendet werden, da sonst das Haar zu schwer wird. Setzen Sie Ihrem Bologneser einen Hoodie als Gehörschutz beim Blowen auf. Das Haar sollte ganz trocken, glatt und filzfrei geföhnt werden.

Bolonka Zwetna

Auszüge aus dem Standard	
Allgemeines Erscheinungsbild:	Klein, leicht gestreckter, harmonischer Körperbau und gefälliger Gesichtsausdruck. Durch das üppige Haarkleid und die auffälligen Farben wirkt die Rasse elegant. Widerristhöhe bei Rüden und Hündinnen bis zu 26 cm.
Kopf:	Gerundet, leicht gewölbt; Hinterhauptbein schwach ausgeprägt; Stopp betont.
Ohren:	Mittelgroß, dreieckig mit leicht abgerundeten Spitzen. Mäßig hoch angesetzt mit reichem Behang.
Hals:	Von mittlerer Länge, trocken und gut bemuskelt.
Rumpf:	Kompakt und mäßig breit, obere Linie gerade, untere Linie und Bauch leicht aufgezogen.
Läufe:	Vorderläufe und Hinterläufe gerade und parallel, mäßig auseinander.
Pfoten:	Klein, rund gewölbt, geschlossen.
Haarkleid:	Lang, seidig glänzend und dicht mit gut entwickelter Unterwolle. Haar am ganzen Körper gleich lang, große Locken oder Wellen bildend. Große Locken werden bevorzugt.
Farben:	Jede Farbe erlaubt, außer Weiß und Gescheckt.

Pflegeanweisung

Auf Ausstellungen müssen die Hunde mit Fell in der natürlichen Länge und ohne eine bestimmte Schur ausgestellt werden. Viele Bolonka-Besitzer gehen aber trotzdem regelmäßig in den Hundesalon, um ihrem Vierbeiner eine praktische Frisur verpassen zu lassen. Somit gehört der Bolonka auch zu den Rassen, für die ein Pet-Clip (siehe Seite 208ff.) geeignet ist (wie hier auf dem Foto).

Der Bolonka sollte vor dem Schneiden mit einem Volumenshampoo gebadet werden. Eine Spülung sollte beim Schneiden nicht verwendet werden, da sonst das Haar zu schwer wird. Setzen Sie Ihrem Bolonka einen Hoodie als Gehörschutz beim Blowen auf. Das Haar sollte ganz trocken, glatt und flizfrei geföhnt werden.

Border Terrier

Auszüge aus dem Standard	
Allgemeines Erscheinungsbild:	Der Border Terrier gehört zu den hochläufigen Terriern. Im Standard ist keine Größe festgelegt, aber die Widerristhöhe beträgt in der Regel zwischen 25 und 28 cm.
Kopf:	Kopf wie der eines Otters, Schädel mäßig breit, der Fang ist kurz und stark. Scherengebiss, wobei ein Zangengebiss noch erlaubt ist.
Ohren:	Klein, V-förmig, massig dick und nach vorn fallend, eng an den Wangen anliegend.
Rumpf:	Tief, schmal und ziemlich lang. Lenden kräftig, Rippen nicht übermäßig gewölbt.
Läufe:	Vorderläufe gerade, Hinterläufe lang und schlank.
Pfoten:	Klein mit dicken Ballen.
Haarkleid:	Harsch und dicht mit anliegendem Unterhaar. Für das rassegerechte Aussehen sollte man den Hund alle drei Monate trimmen.
Farben:	Rot, Weizen, Grizzle and Tan, Blue and Tan.

Pflegeanweisung

Vor dem Bad

Trimmen Sie den kompletten Hund bis auf Augenbrauen und Fang mithilfe eines Trimmsteins, Trimmmessers oder Fingerkondom ab.

Rumpf: Nacken, Schultern und der Rücken werden abgetrimmt.

Die Haare an der Vorbrust, an den Flanken und am Bauch werden ebenfalls gezupft.

Läufe: Die Vorderbeine werden gleichmäßig abgetrimmt, besonders die fransigen Fahnen an den Ellenbogen und an der Beinrückseite. Die Hinterbeine an Außen- und Innenseite abtrimmen.

Pfoten: Die Pfoten werden mit einer Pfotenschere abgerundet.

Rute: Die Rute sollte karottenförmig aussehen. Sie darf nicht zu abgetrimmt aussehen. Jedoch sollten keine Fransen abstehen.

Baden

Waschen Sie den Hund mit einem hautmilden Terriershampoo und nicht zu warm.

Nach dem Bad

Alle getrimmten Partien nochmals sauber nacharbeiten.

Kopf: Um den flachen Oberkopf zu betonen, werden alle langen Haare ausgezupft. Die Schläfen und Wangenpartien ebenso. Die Augenbrauen werden kurz gehalten. Unter den Augen soll das Vorgesicht gut ausgefüllt sein. Nur die Haare, die zu den inneren Augenwinkeln ragen, werden gezupft.
Der Bart darf nicht übertrieben füllig sein. Er soll der Form eines Otters ähneln. Er sollte in Form eines abgerundeten Keils gezupft und anschließend mit den Fingern vor allem auch am Unterkiefer ausgedünnt werden. Der Bart soll nicht dem eines Schnauzers gleichen. Ab dem Unterkiefer sollten die Barthaare nicht länger als 1 cm sein. Ab Oberkiefer länger und stufig kürzer zu den Ohren hin. Die Barthaare sollten nie mit einer Schere gekürzt oder ausgedünnt werden. Immer nur die längsten Haare zupfen. So hat der Border immer einen ausgefüllten Fang.

Ohren: An den Ohren wird alles alte Haar innen und außen sauber ausgezupft.

Bouvier des Flandres

Auszüge aus dem Standard

Allgemeines Erscheinungsbild:	Gedrungener Hund, der im Ganzen einen Eindruck von Kraft ohne Schwerfälligkeit vermittelt. Widerristhöhe bei Rüden 62 bis 68 cm, bei Hündinnen 59 bis 65 cm.
Kopf:	Insgesamt massiv, was durch Schnauz- und Kinnbart noch betont wird. In gutem Verhältnis zum Körper und zur Größe des Hundes passend. Beim Abtasten zeigt sich, dass der Kopf gut modelliert ist.
Ohren:	Hoch angesetzt, oberhalb der Augenlinie; die Ohrlappen fallen senkrecht; die Knickfalte am Ansatz darf die obere Schädellinie nicht überragen.
Hals:	Frei und genügend aufrecht getragen. Kräftig, muskulös, zu den Schultern hin allmählich breiter werdend; seine Länge ist etwas geringer als die Kopflänge. Nacken mächtig und leicht gebogen. Ohne Wamme.
Rumpf:	Kräftig, breit, kurz. Oberlinie des Rückens und der Lenden fest, gerade und horizontal. Widerrist leicht hervortretend. Rücken straff, kurz, breit, muskulös, biegsam ohne Anzeichen von Schwäche. Lenden kurz, breit, muskulös; biegsam ohne Anzeichen von Schwäche. Kruppe sollte so genau wie möglich die horizontale Linie des Rückens fortführen und unmerklich in die Rundung der Hinterhandmuskulatur übergehen. Nicht übermäßig breit beim Rüden, stärker entwickelt bei der Hündin. Eine abfallende oder ansteigende Kruppe ist ein schwerer Fehler.
Brust:	Breit und bis zu den Ellenbogen herabreichend, darf nicht tonnenförmig sein. Die ersten Rippen sind leicht gebogen, die folgenden gut gewölbt und deutlich schräg nach hinten gerichtet; sie verleihen dadurch dem Rippenkorb die erwünschte Länge. Die Unterlinie des Brustkorbs steigt sehr leicht zum wenig aufgezogenen Bauch hin an. Die Flanken müssen kurz sein, besonders bei Rüden.

Auszüge aus dem Standard

Rute:	Relativ hoch in Verlängerung der Wirbelsäule angesetzt. Manche Hunde haben eine angeborene Stummelrute und dürfen deshalb nicht abgewertet werten.
Läufe:	Die Vordergliedmaßen sind starkknochig, gut bemuskelt und, von vorn gesehen, vollkommen gerade und parallel. Schultern ziemlich lang, bemuskelt, ohne überladen zu sein, mäßig schräg gelagert. Oberarm mäßig schräg gelagert. Ellenbogen dicht am Körper anliegend, parallel. Unterarme sollen von vorn und von der Seite betrachtet vollkommen gerade, parallel zueinander und senkrecht zum Boden stehen. Gut bemuskelt, mit starken Knochen. Vorderfußwurzelgelenke genau in der Verlängerung der senkrechten Linie des Unterarms. Auf der Rückseite des Karpalgelenks darf nur das Erbsenbein hervortreten. Kräftige Knochenstruktur. Vordermittelfuß recht kurz, nur sehr leicht nach vorn geneigt. Kräftige Knochenstruktur.
Pfoten:	Kurz, rund, kompakt, weder nach außen noch nach innen gedreht. Zehen eng aneinander liegend und gewölbt, Krallen stark und schwarz, Ballen dick und widerstandsfähig.
Haarkleid:	Sehr reichlich. Das Deckhaar bildet zusammen mit der dichten Unterwolle eine schützende Hülle, die an die plötzlichen Wetterwechsel im Herkunftsland der Rasse vollkommen angepasst ist. Das Haar soll sich spröde anfühlen; es ist trocken und glanzlos, weder zu lang noch zu kurz (ungefähr 6 cm), etwas struppig, aber nie wollig oder lockig.
Farben:	Falb oder Grau, oft gestromt oder rußig; ein tiefes Schwarz ist zulässig, aber nicht bevorzugt.

Pflegeanweisung

Vor dem Bad

Bürsten Sie den Hund einmal gründlich durch. Jeglicher Filz muss komplett ausgebürstet werden.

Kopf: Vom Stirnbein bis zum Hinterhauptstachel ganz kurz scheren mit dem 7F-Scherkopf (3 bis 4 mm), ebenso wie das Ohr von innen und außen. Augenbrauen nach vorn kämmen, Wangenpartie und Bart vom geschorenen Teil her noch stehen lassen.
Hals: Vom Kopf zur Schulter allmählich breiter werdend leicht austrimmen oder effilieren. Für sehr starkes Haar erleichtert z. B. ein Mat Breaker die Arbeit. Es sollte ein Übergang vom geschorenen Oberkopf zum getrimmten Haar geschaffen werden. Die untere Halsseite so nachtrimmen, dass kein Absatz zur senkrechten Front entsteht.
Rumpf: Deckhaar nicht zu kurz trimmen (auf 2 bis 3 cm). Übergang zu den Läufen schaffen, dort etwas kürzer trimmen. Sehr weiches Haar darf effiliert/modelliert oder mit einem 9- oder 12-mm-Scherkopf geschoren werden. Die wellige Struktur des Haares soll erkennbar sein. Unterbauch und Afterregion mit einem 3-mm-Scherkopf scheren.
Rute: Obere Linie von der Kruppe her verlängern und kompakt erscheinen lassen. Unterseite von der kurz gehaltenen Afterregion buschig, kompakt und zum Ende abgerundet schneiden.

Läufe: Bei der Vorhand Oberarm und Schulterblatt etwas kürzer trimmen. Da sie relativ lang erscheinen sollen, den Übergang zu den Läufen optisch etwas tiefer setzen. Auf der Außenseite des Ellenbogengelenks sehr kurz schneiden. Sehr langes Beinhaar sollten Sie schon vor dem Baden kürzen, aber beachten Sie dabei, dass die vertikale Linie erhalten bleibt. Die Hinterhand auf dem Sprunggelenk lang lassen, um die bemuskelte Breite zu betonen. Gesäßbacken gut abfallend herausarbeiten. Um den Hund optisch kürzer erscheinen zu lassen, kann man von der Afterregion bis zum Sitzhöcker scheren.

Baden

Baden Sie den Hund mit einem tiefenreinigenden Vorwaschshampoo und danach mit einem Langhaarshampoo. Die Haare werden zunächst mit dem Blower (Hoodie nicht vergessen) und anschließend mit einem Stand- oder Handföhn glatt geföhnt werden.

Nach dem Bad

Alle geschorenen Partien sauber nacharbeiten. Bei den getrimmten Bereichen das überstehende Haar mit der Modellierschere entfernen.

Kopf: Mit der Modellierschere Übergänge vom geschorenen Teil ohne Absatz zur Wangenpartie und zum Nacken schaffen. Augenbrauen nach vorn kämmen, von der Seite mit der Modellierschere kürzer schneiden. Die Augen sollen nicht verdeckt sein. Die untere Linie des Bartes so egalisieren, dass er ohne Absatz über die untere Halsseite in die senkrechte Front übergeht.
Rücken: Die obere Linie des Rückens schneiden Sie gerade, sodass ein eventueller Hängerücken ausgeglichen werden kann. Sie können im Nackenbereich etwas mehr Haar stehen lassen und in Richtung der Rute dann harmonisch das Fell kürzen, damit eine Linie vom Übergang des Kopfes zu Nacken, Rücken und Kruppe entsteht. An den Seiten zur unteren Linie etwas länger werden. Die untere Linie wird vom runden Tuck-Up unter dem letzten Rippenbogen Richtung Ellenbogen etwas länger, damit die Brusttiefe betont wird.
Ohren: Ohrränder sauber mit der Pfotenschere umschneiden.
Läufe: Die Haare an den Vorderläufen mit dem Kamm etwas aufstellen und mit der geraden Schere oder dem Speedcutter vertikal herunterschneiden, auf dem Ellenbogen sehr kurz. Der Unterarm soll vom Profil her und von vorn absolut gerade erscheinen und die Läufe sollen senkrecht zum Boden stehen, deshalb das Haar auf der Vorderfußwurzel lang lassen. Auch die Haare der Hinterläufe senkrecht zum Boden stehend schneiden. Die Winkelung kaum betonen und einen minimalen Teller zwischen Ballen und Sprunggelenk schneiden.
Pfoten: Die Pfoten nur rund schneiden und der Länge des Beinhaares anpassen. Pfotenunterseite mit einem 1-mm-Scherkopf versäubern.

Cairn Terrier

Auszüge aus dem Standard

Allgemeines Erscheinungsbild:	Flink, aufmerksam, arbeitsfreudig und urwüchsig im Erscheinungsbild. Auf den Vorderpfoten nach vorn stehend, sehr freier Bewegungsablauf, wetterfestes Haarkleid. Widerristhöhe bei Rüden und Hündinnen 28 bis 31 cm.
Kopf:	Klein und im richtigen Verhältnis zum Körper stehend; breiter Schädel, betonter Stopp, das Haar auf der Stirn muss voll sein.
Ohren:	Klein, spitz und aufrecht getragen.
Hals:	Gut aufgesetzt, nicht zu kurz.
Rumpf:	Kompakt; tiefer Brustkorb; gerader Rücken von mittlerer Länge, Rippen gut gewölbt, weit zurückreichend; tiefe Lendenpartie.
Rute:	Kurz, gut behaart, aber nicht befedert.
Läufe:	Vor- und Hinterhand kraftvoll. Vorhand von mittlerer Länge; von gutem, nicht zu schwerem Knochenbau; Ellenbogen keinesfalls ausdrehend. Hinterhand kräftig, bemuskelt, gut mit harschem Haar bedeckt.
Pfoten:	Die Vorderpfoten sind größer als die Hinterpfoten; Ballen dick und kräftig.
Haarkleid:	Doppeltes Haarkleid mit üppigem, harschem, aber nicht drahtigem Deckhaar; leichte Wellung ist gestattet. Unterhaar kurz, weich und dicht; gleicht einem feinen Pelz.
Farben:	Cremefarben, Weizenfarben, Rot, Grau bis fast Schwarz; Stromung immer zulässig. Dunkleres Haar an Ohren und Fang ist typisch. Reines Schwarz, Weiß oder Schwarz und Loh sind nicht erlaubt.

Pflegeanweisung

Vor dem Bad

Den Intimbereich mit einem 2- oder 3-mm-Scherkopf versäubern.

Hals: Obere Partie und Nacken gleichmäßig mit einem Trimmstein, Messer oder den Fingern abtrimmen, sodass das Deckhaar eine dicht geschlossene Decke bildet. Übergänge zum Rücken, zum Oberarm und zur Vorbrust schaffen.

Rumpf: Gleichmäßig kurz vom Widerrist über den Rücken bis zum Rutenansatz trimmen, sodass der Rücken eine waagerechte Linie zeigt. Seitliche Brust tief heruntertrimmen, damit die Brustwölbung erkennbar ist. Das Haar der Unterbrust bleibt, wie es gewachsen ist, nur an Unterbauch und Penis wird es gekürzt. Flanken nicht betonen.
Die Vorbrust etwas austrimmen, aber nicht so kurz wie bei anderen Terriern. Im Ganzen soll nur das Profil des Körpers nachgearbeitet werden. Rückwärtiges Profil kurz trimmen, damit eine vertikale Linie bis zum Sprunggelenk entsteht. Das Gothic Window soll geschlossen sein und es soll keine starke Winkelung zu sehen sein.

Rute: Vom (dickeren) Ansatz zu dem sich verjüngenden Rutenende nur leicht abtrimmen (Karottenform). Die Unterseite kann mit der Modellierschere geschnitten werden, da dort das Trimmen für den Hund unangenehm sein kann. Die Rute soll nach dem Trimmen buschig, aber nicht fedrig wirken und soll nicht so glatt wie z. B. beim Westie getrimmt werden.

Läufe: Von oben nach unten gleichmäßig übertrimmen. An der äußeren Seite des Oberschenkels keine „Pluderhosen“ stehen lassen.

Baden

Baden Sie den Hund mit einem hautberuhigenden Terriershampoo und verwenden Sie nur leicht lauwarmes Wasser, da die Haut vom Trimmen schon etwas gerötet sein könnte und zu warmes Wasser unangenehm für den Hund wird.
Ziehen Sie dem Hund einen Hoodie als Lärmschutz auf und blowen ihn fast trocken. Danach das Fell mit einem Stand- oder Handföhn glatt föhnen. Darauf achten, dass die Temperatur nicht zu warm ist.

Nach dem Bad

Kopf: Das obere Drittel der Ohren abtrimmen oder mit dem 2-mm-Scherkopf scheren, die Ränder sauber mit einer Pfotenschere umschneiden. Das Haar auf dem Oberkopf so kurz trimmen, dass das spitze Ohr zu sehen ist und an der Stelle endet, an der die Ohrhaare kurz werden. Danach nur so viel abtrimmen, dass der Kopf rund, aber nicht geschnitten wirkt. Vom Kinn zum Hals einen fließenden Übergang schaffen, jedoch kein Doppelkinn stehen lassen. Der Kopf soll rund und doch frech und natürlich aussehen.

Rumpf: So nachtrimmen oder effilieren, dass kein Haar mehr übersteht. Es soll ein fließender Übergang vom Rücken zur unteren Linie entstehen. Die untere Linie soll natürlich und nicht geschnitten aussehen. Dennoch ist der Tuck-Up rund und die Linie verlängert sich in Richtung Ellenbogen. Überflüssiges Haar von Rute und Rutenspitze entfernen.

Pfoten: Entlang der Ballen in Form schneiden. Pfotenunterseite mit 1-mm-Scherkopf ausscheren.

Der Cairn Terrier soll frech und nicht so zurechtgemacht wie der Westie aussehen.

Cavalier King Charles Spaniel

Auszüge aus dem Standard

Allgemeines Erscheinungsbild:	Aktiv, anmutig und ausgewogen mit sanftem Ausdruck. Widerristhöhe bei Rüden und Hündinnen 31 bis 33 cm.
Kopf:	Schädel zwischen den Ohren flach, Stopp flach. Der Fang darf nicht spitz sein.
Ohren:	Lang, hoch angesetzt mit reichlicher Befederung.
Hals:	Mäßig lang, leicht gebogen.
Rumpf:	Rücken gerade, Brust mäßig entwickelt, Rippen gut gewölbt.
Rute:	Gut angesetzt, lustig, aber niemals deutlich über der Rückenlinie getragen.
Läufe:	Gerade mit mittelmäßiger Knochenstärke; Kniegelenke gut entwickelt.
Pfoten:	Kompakt, gepolstert und gut befedert.
Haarkleid:	Lang, seidig und ohne Locken, leichte Wellung gestattet. Üppige Befederung. Darf absolut nicht getrimmt werden.
Farben:	Black and Tan (Schwarz und Loh); Ruby (Rubinrot); Blenheim (Perlweiß) mit kastanienroten Abzeichen (Die Markierungen sollten am Kopf die Stirnpartie gleichmäßig aufteilen und zwischen den Ohren Platz für die sehr geschätzten „Lozenge-Flecken“ lassen, die einmalig bei dieser Rasse sind.); Tricolor (dreifarbig).

Pflegeanweisung

Wie im Standard vermerkt ist, dürfen diese kleinen Spaniels – im Gegensatz zu dem American und dem English Cocker Spaniel – auf keinen Fall getrimmt werden.

Vor dem Bad

Entfernen Sie die lose Unterwolle am Körper mit einem Unterwollstriegel. Bürsten Sie das restliche Haar mit einer Drahtbürste und einem Kamm gut durch. Die Pfotenunterseite mit einem 1-mm-Scherkopf ausscheren. Krallen wenn nötig kürzen und Ohren ausputzen.

Baden

Waschen Sie den Cavalier mit einem Unterwollshampoo. Ziehen Sie dem Hund vor dem Föhnen als Gehörschutz ein Hoodie auf und achten darauf, dass Sie in Wuchsrichtung blowen, damit die Haare am Körper anliegen.

Nach dem Bad

Für den Hausgebrauch können Sie die Pfoten etwas abrunden und die übrigen Fahnen mit einer Modellierschere einkürzen.
Bei Ausstellungshunden sollte nichts geschnitten werden.

Collie (Langhaar) und Sheltie

Collie und Sheltie sind zwar zwei unterschiedliche Rassen, das Erscheinungsbild und das Haarkleid ähneln sich aber sehr. Die Widerristhöhe beträgt beim Collie bei Rüden 56 bis 61 cm, bei Hündinnen 51 bis 56 cm, beim Sheltie bei Rüden 37 cm, bei Hündinnen 35,5 cm (eine Abweichung von 2,5 cm nach oben oder unten ist erlaubt).

Im Folgenden werden die wichtigsten Merkmale des Langhaar-Collies kurz beschrieben.

Auszüge aus dem Standard

Allgemeines Erscheinungsbild:	Hund von großer Schönheit mit gelassener Würde. Kein Einzelteil ist unproportional zum Gesamtbild.
Kopf:	Gleicht einem gut abgestumpften, sauber geschnittenen Keil mit glatten Außenlinien. Schädel ist flach und verjüngt sich an den Seiten in einer glatten Linie von den Ohren bis zur Spitze der schwarzen Nase, sodass der Fang dünn und spitz wirkt.
Ohren:	Klein und halb aufrecht getragen; das obere Drittel klappt nach vorn.
Hals:	Muskulös, kraftvoll, von angemessener Länge und gut gebogen.
Rumpf:	Rücken fest, mit leichter Wölbung über der Lendenpartie. Tiefe Brust, hinter der Schulter ziemlich breit.
Rute:	Lang, wird tief getragen.
Läufe:	Schultern schräg und gut gewinkelt, Vorderläufe gerade und muskulös.
Pfoten:	Oval mit gut gepolsterten Sohlen.
Haarkleid:	Sehr dicht; Deckhaar glatt und hart, Unterwolle weich, pelzig und sehr dicht. Mähne und Halskrause üppig.
Farben bei Collie und Sheltie:	Zobelfarben-Weiß, Tricolor und Blue Merle.

 Collie, Blue Merle (oben) und Sheltie, Tricolor (unten)

Pflegeanweisung

Vor dem Bad

Den Intimbereich mit einem 2- oder 3-mm-Scherkopf versäubern.

Rumpf: Teilen Sie das Fell Stück für Stück bis auf die Haut und bürsten mit einer Unterwollbürste die Unterwolle und die Verfilzungen aus. Mit einem grobzackigen Kamm können Sie kontrollieren, ob Sie durch das Fell durchkommen. Wenn die Fahnen am Oberschenkel verfilzt sind, kann hier z. B. ein Mat Zapper zum Entfilzen eingesetzt werden. Verwenden Sie auf keinen Fall einen Coat King bei diesen Rassen. Dieser würde die Haare abschneiden und es könnten Löcher entstehen.

Baden

Baden Sie den Hund mit einem tiefenreinigenden Vorwaschshampoo und anschließend mit einem pflegenden und feuchtigkeitsspendenden Langhaarshampoo. Conditioner oder Kurpackungen können zum besseren Kämmen und zur Pflege verwendet werden. Setzen Sie dem Hund vor dem Föhnen zum Lärmschutz ein Hoodie auf. Blowen und föhnen Sie den Hund vollständig trocken. Hierbei kommt sicher noch einiges an loser Wolle aus dem Fell.

Nach dem Bad

Läufe: An den Vorderläufen lässt man die Fahnen „wie gewachsen" stehen. Vom großen Ballen bis zum Daumenballen wird kurz geschnitten. Die Haare am Hintermittelfuß (Teller) senkrecht zum Boden kürzen.

Pfoten: In Form schneiden; auf der Oberseite der Zehen mit der Modellierschere eine „Katzenpfote" herstellen. Die Pfotenunterseite mit einem 1-mm-Scherkopf ausscheren.

Coton de Tuléar

Auszüge aus dem Standard

Allgemeines Erscheinungsbild:	Kleiner Gesellschaftshund mit langem, weißem Haar von baumwollartiger Textur. Widerristhöhe bei Rüden 26 bis 28 cm, Hündinnen 23 bis 25 cm; eine Abweichung von 2 cm nach oben und 1 cm nach unten wird toleriert.
Kopf:	Kurz, von oben gesehen dreieckig. Schädel von vorn betrachtet leicht gewölbt. Stopp wenig betont.
Ohren:	Dreieckig, hängend, hoch angesetzt und am Ende dünn. Von weißen Haaren bedeckt oder mit Spuren von hellem Grau oder von falber Stichelung.
Hals:	Gut angesetzt, leicht gebogen, ohne Wamme.
Rumpf:	Obere Linie sehr leicht konvex. Brust gut entwickelt, bis auf Ellenbogenhöhe herabreichend. Untere Linie aufgezogen, aber nicht windhundartig.
Rute:	Tief, Spitze aufgebogen. In der Bewegung „fröhlich" über den Rücken gebogen getragen.
Läufe:	Stehen senkrecht und parallel.
Pfoten:	Klein, rund, Zehen eng aneinander liegend und gewölbt.
Haarkleid:	Sehr weich und geschmeidig, baumwollartig, nie hart oder rau. Dicht und reichlich vorhanden, darf sehr leicht gewellt sein.
Farben:	Weiß. Einige Spuren von hellem Grau oder falber Stichelung sind auf den Ohren erlaubt.

Pflegeanweisung

Der Coton de Tuléar darf auf Ausstellungen nur mit seinem Fell in natürlicher Form und Länge präsentiert werden (wie hier auf dem Foto). Es ist aber auch für einen sportlichen Pet-Clip (siehe Seite 208ff.) geeignet.

Vor dem Bad

Die Pfotenunterseite mit einem 1-mm-Scherkopf frei scheren. Dabei darauf achten, dass die überstehenden Haare nicht mit abgeschnitten werden.
Bürsten Sie den Hund mit einer Bürste mit langen Pins gründlich durch und achten Sie darauf, dass keine Knoten übrig bleiben.

Baden

Baden Sie den Hund mit einem Langhaarshampoo und anschließend mit einem feuchtigkeitsspendenden Conditioner.
Föhnen Sie den Hund mit einem Standföhn und einer Bürste trocken und glatt. Bei einem Blower würden die Haare sich zu sehr verknoten.
Auf dem Kopf teilen Sie die Haare mit einem Stielkamm kurz über den Augen ab und binden mit einem Haargummi ein Top-Knot.
Die Pfoten können mit einer gebogenen Schere etwas rund geschnitten werden.

Dackel

Auszüge aus dem Standard

Allgemeines Erscheinungsbild:	Niedrig auf den Läufen, lang gestreckt, mit derber Muskulatur. Zeigt eine stolze Kopfhaltung. Trotz der Disproportion zwischen dem langen Körper und den kurzen Läufen darf er weder plump noch schwer noch in der Bewegungsfähigkeit beschränkt sein. Auch soll er nicht schmächtig und wieselartig erscheinen. Die Größe wird nach Brustumfang bemessen: Normalschlag 35 bis 47 cm, Zwerg-Dackel 30 bis 37 cm, Kaninchen-Dackel 25 bis 32 cm.
Kopf:	Lang gestreckt, von oben und von der Seite gesehen; bis zum Nasenspiegel gleichmäßig schmaler werdend, scharf gezeichnet, trocken. Schädel leicht konvex, fügt sich harmonisch ohne Stirnabsatz (je flacher der Absatz, desto typischer der Kopf) in den Nasenrücken ein, der fein geformt und leicht gewölbt ist. Jochbogen kräftig hervortretend.
Ohren:	Hoch und nicht zu weit vorn angesetzt; mittellang und abgerundet.
Rumpf:	Brustbein muss derb und stark hervorstehend sein. Der Brustkorb zeigt sich von vorn gesehen oval. Der Rücken soll einen hohen und langen Widerrist aufweisen, der sich harmonisch mit der geraden Rückenlinie und mit der leicht gewölbten Lendenpartie vereinigt. Bauch mäßig aufgezogen.
Hals:	Von guter Länge, bemuskelt, trocken und ohne Wamme; im Genick leicht gewölbt, wird frei aufgerichtet getragen.
Läufe:	Gedrungene und stark knochige Vorhand. Bei richtiger Winkelung verdeckt der Vorderlauf in der Seitenansicht den tiefsten Punkt des Brustkorbs. Der Unterarm ist kurz, gerade und bemuskelt. Der Oberschenkel ist lang, kräftig und bemuskelt. Der Unterschenkel steht im rechten Winkel zum Oberschenkel. Das Sprunggelenk ist breit und kräftig, mit stark hervorspringendem Fersenbein.

Auszüge aus dem Standard

Pfoten:	Geschlossen, stets kompakt, mit ausgesprochener Wölbung der Zehenglieder, derbe Ballen.
Haarkleid:	Man unterscheidet die Haartypen Kurzhaar, Langhaar und Rauhaar.
Farben:	Einfarbig Rot, Rotgelb und Gelb mit oder ohne schwarzes Stichelhaar; Zweifarbig (Tiefschwarz oder Braun mit Brand); rote oder gelbe Grundfarbe mit dunkler Stromung; beim Rauhaar außerdem überwiegend Saufarben und Dürrlaubfarben.

Pflegeanweisung Rauhaardackel

Das Deckhaar des Rauhaardackels ist rau, harsch, abstehend und dicht. Seine Unterwolle ist weich und anliegend. Am Fang trägt er einen Bart und seine Augenbrauen sind buschig. Die Gesamtbehaarung muss so wirken, dass der rauhaarige Dachshund aus der Ferne gesehen einem kurzhaarigen gleicht.

Vor dem Bad

Kopf: Oberkopf sehr kurz trimmen oder modellieren. Die Wangenpartie vom unteren Ohransatz zum äußeren Augenwinkel trimmen oder mit einem 3- oder 5-mm-Scherkopf scheren, wobei die Grenzlinie des Bartes schräg nach vorn verläuft. Denken Sie sich eine Linie unterhalb des äußeren Augenwinkels zum inneren Augenwinkel. Kehle und Unterkiefer werden bis zu diesem Punkt geschoren.

Ohren: Innen und außen trimmen oder mit dem 3-mm-Scherkopf scheren, dabei auf die doppelte Ohrfalte achten.

Hals: Von der Kieferspanne nach unten über die Vorbrust kurz trimmen oder mit einem 4- oder 6-mm-Aufsatz scheren.

Rumpf: Bauchhaar und die Innenseite der Hinterläufe bis zum Sprunghöcker ganz kurz trimmen oder scheren mit dem 3-mm-Scherkopf, ebenso die Afterregion und die Rutenunterseite. Am Körper wird das tote Haar mit einem Trimmmesser oder einem Trimmstein entfernt. Ab den Schulterblättern bis zum Rutenende bleibt ein Aalstrich stehen, dieser wird nicht kurz getrimmt wie der Rest; der Aalstrich sollte ca. 5 cm breit sein. Dieser besteht von Natur aus und ist farblich von der anderen Farbe des Haares abgesetzt, dadurch können Sie sich auch an der Breite orientieren. Der Aalstrich wird nur ein wenig übertrimmt und ausgedünnt. Der Rest des Körpers wird abgetrimmt.

Läufe: Hinterläufe kürzer trimmen, um die Muskulatur der Schenkel sichtbar werden zu lassen. Vorderläufe vertikal heruntertrimmen, aber nicht zu kurz!

Rute: Oberseite der Rute dem Aalstrich anpassen. Übergänge zur Unterseite mit der Effilierschere ausgleichen; am Rutenende soll kein überstehendes Haar (Büschel) sein.

Baden

Baden Sie den Hund mit einem hautfreundlichen Shampoo und föhnen ihn danach gut trocken.

Nach dem Bad

Alle schon bearbeiteten Partien nacharbeiten, überstehendes Haar nachtrimmen oder mit der Effilierschere entfernen.

Kopf: Übergang vom Oberkopf zur Wangenpartie ausarbeiten. Augenbrauen so weit zurücktrimmen, dass das Auge sichtbar ist. Zwischen den Augen kurz trimmen und überstehendes Haar vor den Augen mit Daumen und Zeigefinger zupfen. Der Bart soll keilförmig aussehen. Mit den Fingern zupfen oder mit der Modellierschere schneiden. Der Übergang zu Wangenpartie und Kehlkopf soll ohne Absatz erfolgen.

Läufe: Haare an den Vorderläufen länger lassen; vertikal zum Fuß schneiden, damit sie kräftig und kompakt erscheinen. Hinterläufe ab Fersenhöcker wie Vorderläufe bearbeiten.

Pfoten: Zwischen den Ballen mit einem 1-mm-Scherkopf ausscheren, Ballenränder umschneiden und auf der Pfote ein wenig kürzen.

Pflegeanweisung Langhaardackel

Der Langhaardackel hat seidenweiches, glänzendes Haar. Unter dem Hals, an den Behängen, an der Unterseite und an der Hinterseite der Läufe verlängert es sich. Am längsten ist es an der Unterseite der Rute. An den Pfoten dagegen darf das Haar nicht zu lang sein, weil das den Hund für die Arbeit untauglich machen würde.

> ***Hinweis***
> *Da der Kurzhaardackel keiner besonderen Fellpflege bedarf, wird er hier nicht weiter erwähnt.*

Rumpf: Mit Daumen und Zeigefinger von Kopf, Rumpf und Oberschenkel totes Haar entfernen. Hier kann man den Trimmstriegel benutzen, wenn der Hund einen starken Haarwuchs hat. Fahnen am Oberschenkel eventuell etwas ausdünnen, wenn das Haar zu „wollig“ ist. Hierfür ein Trimmmesser oder eine Effilierschere verwenden.
Pfoten: In Form schneiden und auf den Zehengliedern mit der Effilierschere so arbeiten, dass eine „Katzenpfote“ entsteht.

Deerhound

Auszüge aus dem Standard	
Allgemeines Erscheinungsbild:	Eleganter Hund, robuster als der Greyhound, auch was den Knochenbau betrifft. Charakteristisch ist seine harte Behaarung. Widerristhöhe bei Rüden mindestens 76 cm, bei Hündinnen mindestens 71 cm, heute sind die meisten Hunde etwa 10 Prozent höher.
Kopf:	Lang, breit zwischen den Ohren, verschmälert sich leicht gegen die Augen, stärker gegen die Nase. Spitzer Fang. Kiefer von gleicher Länge, mehr flach als gewölbt, mit mäßig langen Haaren bedeckt.
Ohren:	Nach hinten gefaltet, klein und mit einer leichten Franse versehen.
Hals:	Lang, stark und ohne Wamme.
Rumpf:	Brustkorb tief, nicht übertrieben breit. Rücken leicht gebogen. Gerader Rücken ist unerwünscht. Lenden trocken und sehr kräftig. Bauch aufgezogen.
Rute:	Lang, sehr tief angesetzt, spitz endend; fast bis zum Boden reichend und leicht gebogen; hart und dicht behaart. Eine Locke oder ein Ringel sind unerwünscht.
Läufe:	Vorhand gut schräg gestellt. Die Vorderläufe müssen gerade, breit und flach sein, mit guten Ellenbogen und Unterarmen. Schwere und gerade Schultern sind stark fehlerhaft. Hinterhand so breit und kraftvoll wie möglich. Die Hinterläufe müssen am Knie gut gewinkelt sein, mit einer guten Länge von der Hüfte bis zum Sprunggelenk. Dieses soll breit und flach sein.
Pfoten:	Geschlossen und fest, mit gut gestellten Zehen und kräftigen Krallen.

Auszüge aus dem Standard

Haarkleid:	An Körper, Hals und Läufen muss das Haar rau und trocken sowie etwa 8 bis 10 cm lang sein. An Kopf, Brustkorb und Bauch ist es bedeutend länger und sollte am hinteren Teil der Gliedmaßen eine leichte Befederung aufweisen. Der Deerhound muss behaart, aber nicht zu stark behaart sein. Ein wolliges Haarkleid ist verwerflich. Einige gute Exemplare weisen eine Mischung von seidigen und harten Haaren auf. Das ideale Haar ist dicht, geschlossen, hart und fühlt sich rau an.
Farben:	Alle Grautöne, Gelb, rötliche Beigetöne; kleine weiße Abzeichen an Brust, Zehen und Rutenspitze sind erlaubt.

Pflegeanweisung

Kopf: Der Kopf soll möglichst wenig verändert werden. Den Oberkopf von Hand oder mit einem stumpfen Messer trimmen, um ihn flach erscheinen zu lassen. Sollte der Schädel sehr breit sein, kann man auch an der Wange seitlich überstehendes Haar wegnehmen.

Ohren: Falls die Ohren sehr haarig sind, die Außenseite abtrimmen, dabei aber eine „zarte Franse" stehen lassen.

Hals: Von oben und seitlich leicht abtrimmen, um Länge und obere gebogene Halslinie zu betonen.

Rumpf: Das empfohlene Arbeitsgerät für das Austrimmen am Rumpf ist der Trimmstein. Um den gebogenen Rücken zu betonen, kann man die Partie über den Schulterblättern etwas ausdünnen, wenn sich die Farbe der Decke dadurch nicht verändert. Den ganzen Rumpf und die Oberschenkel so abtrimmen, dass das Haar fest am Körper anliegt.
Den Unterbauch vom Brustkorb angefangen kürzer trimmen, effilieren oder mit einem 3-mm-Scherkopf scheren, dabei aber aufpassen, dass der Übergang zur Flanke nicht „geschnitten" aussieht.

Hinweis
Falls der Hund gebadet wird, kann man anschließend alles noch einmal kontrollieren und finishen.

Rute: Von überstehenden Haaren befreien, aber nicht zu sehr ausdünnen.

Läufe: An den Vorderläufen bei zu gerade gestellter Schulter den Oberarm bis zum Ellenbogen „schräg" trimmen. Unterarm soll ganz gerade erscheinen. Bei der Hinterhand die Winkelung im Profil leicht modellieren.

Pfoten: Pfotenunterseite mit 1-mm-Scherkopf scheren. Ballenränder umschneiden; auf der Pfote reichlich Haare stehen lassen, um die gut gewölbten Zehen zu betonen.

English Cocker Spaniel

Auszüge aus dem Standard	
Allgemeines Erscheinungsbild:	Ausgeglichener, robuster, sportlicher Körperbau; kompakt mit annähernd gleichen Maßen vom Widerrist zum Boden und vom Widerrist zum Rutenansatz. Widerristhöhe bei Rüden 39 bis 41 cm, bei Hündinnen 38 bis 39 cm.
Kopf:	Gut entwickelt, klar gemeißelt, weder zu fein noch zu grob.
Ohren:	Lappig, in Augenhöhe angesetzt. Leder dick, bis zur Nasenspitze reichend. Gut bedeckt mit langem, glattem, seidigem Haar.
Hals:	Mittlere Länge, muskulös. Schön eingelassen in gut schräge Schultern. Trockener Hals.
Rumpf:	Kräftig, kompakt. Der Brustkorb ist gut entwickelt und tief, die Vorbrust von vorn gesehen weder zu breit noch zu schmal. Die Rippen sind unter den Schulterblättern gut gewölbt, die Lenden kurz, weit und kräftig, die Rückenlinie sinkt gegen die Rute ab.
Läufe:	Schultern schräg gestellt, Vorderläufe von gutem Knochenbau, gerade, befranst. Hinterhand muss weit, abgerundet und sehr bemuskelt sein. Die Läufe haben einen guten Knochenbau. Sie sind befranst bis zum Sprunggelenk und gut gewinkelt. Der Hintermittelfuß ist kurz, um dem Hund einen ausgezeichneten Schub zu geben.
Pfoten:	Derb, rund, katzenförmig mit dicken Ballen.
Haarkleid:	Glatt und von seidiger Struktur, nie hart oder lockig, mit langen Fahnen. Als Fahnen wird das Haar bezeichnet, das an der Rückseite der Vorder- und Hinterläufe, Bauch und Brust wächst.

Auszüge aus dem Standard

Farben:	Einfarbig: Schwarz; Rot; Gold; Leber (Schokoladenbraun); Schwarz mit Loh, Braun mit Loh; kein Weiß, ein kleiner Fleck an der Brust ist erlaubt. Zweifarbig: Schwarz-Weiß; Orange-Weiß; Braun-Weiß; Lemon-Weiß; mit oder ohne Tüpfelung. Dreifarbig: Schwarz und Weiß mit Loh; Braun und Weiß mit Loh. Schimmel: Blauschimmel; Orangeschimmel; Lemonschimmel; Braunschimmel; Blauschimmel mit Loh; Braunschimmel mit Loh.

Pflegeanweisung

Vor dem Bad

Kopf: Totes und abstehendes Haar von Kopf und Fang mit einem Trimmstein raustrimmen. Beim „Familienhund" dürfen wir dafür die Modellierschere oder einen 7F-Scherkopf benutzen. Hierbei die Lefzenfalte beachten! Sehr sauber ausschneiden oder scheren.

Ohren: Das oberste Drittel des Ohrenansatzes mit einer Modellierschere effilieren oder mit einem 2- oder 3-mm-Scherkopf innen und außen scheren und damit das tief angesetzte Ohr betonen. Achtung, nicht in die doppelte Ohrfalte schneiden! Einen Übergang mit der Modellierschere vom Oberkopf zum Hals schaffen. Unter dem Ohr das Haar glatt modellieren. Der ganze Kopf sollte so glatt getrimmt sein, dass er sich nach dem Bad „wie Seide" anfühlt.

Hals: Von dem Brustbein aus ein V mit einem 7F-Scherkopf gegen den Strich bis zum Ohrknorpel und von dort aus einen Übergang zur Backe schaffen. Anschließend Übergang vom unteren Ohransatz über den seitlichen Hals und Oberarm bis zum Ellenbogengelenk trimmen oder mit der Modellierschere überarbeiten, um die schräg gestellte Schulter sichtbar werden zu lassen. Den Oberarm bis zum Ellenbogengelenk exakt herausarbeiten. Mittlere Partie der Vorbrust ab Brustbeinspitze voller belassen, um die Brusttiefe zu betonen.

Rumpf: In Wuchsrichtung mit einem Stein oder den Fingern glatt trimmen und Unterwolle mit einem stumpfen Trimmmesser oder einem Coat King vorsichtig rauscarden. Haar der Unterbrust lang belassen. Unterbauch, Penis und die Afterregion mit dem 2- oder 3-mm-Scherkopf ausscheren.

Rute: An der Unterseite, vom Ansatz angefangen, eine sich zum Rutenende verjüngende „Fahne" (Fleischermesserrute) stehen lassen und mit einer Schere in Form bringen.

Läufe: Bei den Hinterläufen die Außenseite der Oberschenkel ebenfalls glatt trimmen, dabei einen Übergang zur hinteren Front schaffen. Von den Rosettenwirbeln bis zum Sprunggelenk eine Fahne stehen lassen mit leicht eingearbeiteter Winkelung.
Der Hintermittelfuß wird kurz geschnitten, aber es sollte darauf geachtet werden, dass er kräftig und robust aussieht.
Falls sich an den Vorderläufen vorn und seitlich längeres Haar befindet, muss es ganz glatt abgetrimmt werden, um den geraden Stand erkennen zu können. Nur die Rückseite der Vorderläufe sollte lang bleiben.

Nach dem Bad

Überarbeiten Sie nun alle geschorenen Stellen und Übergänge noch einmal und trimmen die restlich überstehenden Haare weg. Nun werden die Unterseiten der Pfoten mit einem 1-mm-Scherkopf vorsichtig ausgeschoren. Die Oberseite der Pfote mit der Modellierschere so schneiden, dass eine schöne, aufgeknöchelte, dicke „Katzenpfote“ entsteht. Ballenränder sauber umschneiden.

Achtung!
Ausstellungshunde dürfen ausschließlich nur getrimmt, aber nicht geschoren werden.

Anschließend nehmen Sie die Vorderpfote in die Hand und ziehen das Bein gerade nach vorn. Kämmen Sie die Beinfahne nach unten und schneiden diese mit einer gebogenen Schere in einer leichter Rundung bis hin zum Ellenbogen. Die Fahne am Hinterbein sollte ab der Mitte des Mittelfußknochens in einer Rundung bis hin zum Tuck-Up (höchster Punkt der unteren Linie, sitzend unter dem letzten Rippenbogen) verlaufen. Die untere Linie startet am Tuck-Up und endet schräg abfallend zur Brusttiefe in einer Rundung in die Fahne unter dem Brustbein.
Die Ohren beim English Cocker dürfen so lang wie möglich sein. Der Ohrenrand beim geschorenen Ohr wird mit einer kleinen Pfotenschere nachgeschnitten.

Wenn Sie einen Cocker Spaniel haben, der geschoren wird, nutzen Sie einen Scherkopf zwischen 4 und 6 mm am Körper. Beim restlichen Teil des Hundes erfolgt die Pflege wie eben beschrieben bei einem getrimmten Cocker. Fahnen können je nach Kundenwunsch eingekürzt werden.

Fox Terrier

Man unterscheidet den glatthaarigen vom drahthaarigen Fox Terrier. Sie gelten als verschiedene Rassen, ähneln sich aber in Körperbau, Farbe und Größe sehr. Nur die Fellbeschaffenheit und damit die Fellpflege sind unterschiedlich. Der drahthaarige Fox Terrier wird getrimmt, der kurzhaarige Fox Terrier wird nur gewaschen und eventuell mit einem Unterwolllstriegel behandelt.

Auszüge aus dem Standard

Allgemeines Erscheinungsbild:	Rechteckig gebaut, Schulterhöhe und die Körperlänge vom Schultergelenk bis zu den Sitzbeinhöckern annähernd gleich groß. Widerristhöhe bei Rüden maximal 39 cm, Hündinnen etwas kleiner.
Kopf:	Langer Kopf, flacher Schädel.
Ohren:	V-förmig, klein, nach vorn fallend und seitlich der Wangenpartie getragen.
Hals:	Genügend langer, bemuskelter, elegant gebogener Hals.
Rumpf:	Tiefe Brust, schmal in der Front. Gerader kurzer Rücken.
Rute:	Hoch angesetzt, aufrecht getragen.
Läufe:	Gerade Vorderläufe; kräftige, bemuskelte und gewinkelte Hinterhand.
Pfoten:	Klein und rund, mit dicken Ballen.
Haarkleid:	Dichtes Drahthaar, Länge etwa 2 cm an den Schultern bis etwa 4 cm am Widerrist; mit dichter, kurzer, weicher Unterwolle. Beim Glatthaar ist das Haar gerade, flach anliegend, hart, dicht und füllig.
Farben:	Vorherrschend Weiß mit schwarzen, schwarz und lohfarbenen oder lohfarbenen Abzeichen.

Pflegeanweisung

Wie für alle harthaarigen Terrier gilt auch hier beim Fox Terrier die Regel: Wird das Fell geschoren, leidet die Farbe, es wird wollig und verliert seinen Rolling Coat. Ein perfekt aussehender Fox Terrier sollte getrimmt werden!

Vor dem Bad

Der Fox Terrier, der getrimmt werden soll, sollte erst nach dem Trimmen gebadet werden, denn dann ist das Fell griffiger. Ebenso hinterlassen Trimmsteine gern Reste auf dem Hund. Diese jucken und führen zu Hautreizungen.
Der Fox Terrier sollte mit einem speziellen Terriershampoo gebadet werden.
Soll der Hund geschorene oder geschnitten werden, kann er vorher gebadet werden.

Kopf: Oberkopf ab dem Wirbel bis hin zur Wangenpartie vom Augenwinkel bis hin zum Ohr trimmen oder mit dem 3- oder 4-mm-Scherkopf scheren. Ohren (außen und innen) mit dem 2-mm-Scherkopf scheren oder trimmen. Der Fang von der Kehle bis zu den Lippenwinkeln wird gegen den Strich mit dem 3-mm-Scherkopf geschoren oder kurz getrimmt.

Am Wirbel beginnend den Oberkopf flach, den Übergang zum Hals ohne Absatz, aber mit betontem Hinterhauptstachel einen Übergang trimmen. Von der kurz getrimmten Wangen- und Kehlpartie Übergang zum Bart mit den Fingern schaffen. Bart nach vorn kämmen und in eine keilförmige Form zupfen oder schneiden, indem das seitlich überstehende Haar ausgedünnt wird. Die Bartunterseite verläuft am Ansatz des Bartes kürzer nach unten hin leicht schräg abfallend länger. Die Brauen keilförmig am äußeren Augenwinkel kurz, am inneren länger zupfen oder schneiden. Zwischen den Augen kürzer, sodass die Brauen das Stirnbein betonen. Dadurch erscheint der Kopf noch flacher und länger. Der Kopf sollte sehr fein und elegant wirken.

Vorbrust: Von der Kehle über die ganze Vorbrust bis zur Brustbeinspitze trimmen oder mit dem 3- oder 4-mm-Scherkopf scheren.

Hals: Vom unteren Ohransatz über den Oberarm bis zum Ellenbogengelenk kurz trimmen oder mit einem 4- oder 6-mm-Scherkopf, je nach Haarstruktur und Haarlänge, scheren. Oberseite kurz, zum Widerrist und Rücken hin länger werdend.

Unterbauch: Innenseite Oberschenkel, kurz über dem Knie beginnend, mit dem 3-mm-Scherkopf scheren.

Rute: Komplett trimmen oder Unterseite und die Afterregion mit dem 3- oder 5-mm-Scherkopf scheren. Die Oberseite mit einer Modellierschere in Form einer Karotte schneiden.

Rumpf: Das raue Haar des Rückens mit einem stumpfen Trimmmesser trimmen oder mit einem 4- oder 6-mm-Scherkopf scheren.

Als Grenze zu den Schenkeln von der Flanke zum Rutenansatz ein „Dreieck“ denken. Wenn Sitzfläche und Front sehr kurz gehalten werden, erscheint der Hund im Gebäude optisch kürzer. Keine Absätze zu den geschorenen Teilen und zu den Schenkeln. Winkelung und das offene Gothic Window (der Teil zwischen den Rosettenwirbeln unter dem After bis hin zur Winkelung) schön kurz trimmen oder mit einem 3-mm-Scherkopf scheren.

Läufe: An den Vorderläufen nur überstehendes Haar zupfen oder mit der Schere kürzen, um eine säulenförmige Form zu erhalten. Übergang zum kürzeren Haar des Oberarms trimmen oder mit der Modellierschere schneiden.

Die Übergänge zu Flanke und Kruppe sollten ohne Absatz erfolgen. Flankenränder mit der Schere nachschneiden. Knie und Sprunggelenk betonen. Hintermittelfuß soll „rund“ sein.

Pfoten: In Form schneiden. Krallen dürfen sichtbar sein. Keinen Absatz zwischen Fuß und Unterarm. Zwischen den Ballen mit einem 1-mm-Scherkopf scheren.

Golden Retriever

Auszüge aus dem Standard

Allgemeines Erscheinungsbild:	Symmetrisch, harmonisch, lebhaft, kraftvoll, ausgeglichene Bewegung; kernig bei freundlichem Ausdruck. Widerristhöhe bei Rüden 56 bis 61 cm, bei Hündinnen 51 bis 56 cm.
Kopf:	Breit, ohne grob zu sein, gut auf dem Hals sitzend; ausgeprägter Stopp.
Ohren:	Mittelgroß, ungefähr in Höhe der Augen angesetzt.
Hals:	Von guter Länge, trocken und muskulös.
Rumpf:	Harmonisch. Rücken mit gerader oberer Linie. Tiefer Brustkorb, Rippen tief und gut gewölbt.
Rute:	In Höhe der Rückenlinie angesetzt und getragen, bis zu den Sprunggelenken reichend. Ohne Biegung am Rutenende.
Läufe:	Vorderläufe gerade mit kräftigen Knochen, gut zurückliegend, langes Schulterblatt. Hinterhand kräftig und muskulös.
Pfoten:	Runde Katzenpfoten.
Haarkleid:	Glatt oder wellig mit guter Befederung; dichte, Wasser abstoßende Unterwolle.
Farben:	Jede Schattierung von Gold oder Cremefarben.

Pflegeanweisung

Baden

Sollte der Goldie gebadet werden, empfiehlt sich ein tiefenreinigendes Vorwaschshampoo und danach ein Unterwolle lösendes Pflegeshampoo.
Beim Blowen und Föhnen können Sie dem Goldie ein Hoodie als Lärmschutz aufsetzen. Ausstellungshunde sollten einige Tage vor der Ausstellung gebadet werden, da die Haare vom Blowen zu sehr abstehen. Hilfreich kann hier auch ein angefeuchtetes Mikrofasertuch sein, das auf den Rücken aufgelegt wird. Dabei legen sich die Haare wieder glatt.

Nach dem Bad

Kopf: Bleibt, wie er ist.

Ohren: Ohransatz dem glatten Oberkopf angleichen. Überstehende Fransen auf dem Ohr entfernen. Unter dem Ohr um den Gehörgang ganz kurz effilieren.

Rumpf: Oberseite Hals, Decke, Vorbrust, die äußere Seite des Oberschenkels bis zum Knie und Übergang zum Gesäß mit einem Unterwollstriegel oder einer Unterwollbürste von den toten Haaren befreien.
Von der Afterregion über den Sitzhöcker mit der Modellierschere ausdünnen und von dort den Übergang zu den Fahnen am Oberschenkel schaffen.

Rute: Die Fahne nach etwa einer Handbreit nach dem Rutenansatz mit der gebogenen Schere ihrem Verlauf entsprechend in einem schönen Bogen (Fleischermesserrute) sauber schneiden. Den Anfang der Rute mit einer Modellierschere kurz schneiden.

Hals: Untere Halsseite vom Brustbein bis hin zum Ohrknorpel V- Förmig, um den Hals zu betonen mit einer Modellierschere kürzer schneiden. Übergang zur äußeren Halsseite und zum längeren Brusthaar ohne Absatz schaffen.
Sollte das Haar an der Vorbrust sehr stark und dicht sein, kann es ein wenig ausgedünnt werden, sodass das Profil an die Vorderläufe angepasst wird.

Läufe: Die Fahne des Vorderbeines kann leicht in Form geschnitten werden. Bei einem Ausstellungshund sollte jedoch die Fahne natürlich bleiben und nicht geschnitten sein. Die Fahne vom Sprunggelenk senkrecht bis zum großen Ballen kann auch in einer leichten Rundung geschnitten werden.

Pfoten: Die Ballen mit einem 1-mm-Scherkopf ausscheren und an den äußeren Ballen entlang mit der Pfotenschere sauber umranden. Die Oberseite mit der Modellierschere zu einer aufgeknöchelten „Katzenpfote“ modellieren.

Griffons

Griffons gibt es in elf verschiedenen Varietäten, die aufgrund Abstammung, Verwendung und Größe verschiedenen Rassegruppen zugeordnet werden.

Zu den Laufhunden in der FCI-Gruppe 6 gehören

- **Grand griffon vendéen**
- **Briquet griffon vendéen**
- **Griffon bleu de Gascogne**
- **Griffon fauve de Bretagne**
- **Griffon nivernais**
- **Grand Basset griffon vendéen**
- **Petit Basset griffon vendéen (siehe Foto auf S. 121)**

Zu den Vorstehhunden der FCI-Gruppe 7 gehört

- **Griffon d'arrét à poil dur Korthals (Korthals Griffon)**

Zu den Gesellschaftshunden in der FCI-Gruppe 9 gehören

- **Griffon belge (Belgischer Griffon)**
- **Griffon bruxellois (Brüsseler Griffon, siehe Foto unten)**
- **Petit Brabancon (Kleiner Brabanter Griffon)**

Auch wenn es ganz unterschiedliche Hunde sind – eines verbindet sie alle: Das Haar ist rau mit guter Unterwolle und wird vollständig getrimmt. Lediglich vor dem inneren Augenwinkel darf die Effilierschere benutzt werden und zwischen den Ballen wird das Haar mit der kleinen gebogenen Schere ausgeschnitten. Hat der Hund eine gute Haarstruktur, ist es unbedingt notwendig, schon beim Welpen die Pfoten auszuschneiden. Zu viel Haar zwischen den Ballen fördert den Spreizfuß und würde das im Standard gewünschte Bild der dicken, geschlossenen Pfote beeinträchtigen.
Das erste Trimmen sollte je nach Haarstruktur im Alter von sechs bis neun Monaten erfolgen.

Pflegeanweisung

Vor dem Bad

Kopf: Oberkopf hinter dem Stirnbein beginnend kurz trimmen, dabei Hinterhauptstachel betonen. Der Übergang zum längeren Haar der Wangenpartie sollte keinen Absatz haben. Lediglich unter dem Ohrleder die Haare stärker kürzen, damit das Ohr dicht am Kopf anliegt. Augenbrauen und Bart bleiben lang, um das quadratische Aussehen des Vorgesichts zu betonen. Sie werden so in Form gebracht, dass das Auge zu sehen ist und der Bart analog zum Gesamtbild erscheint. Das Haar vor dem inneren Augenwinkel mit der Modellierschere sehr kurz schneiden. Den Bart von vorn gesehen nur von unordentlichen Zipfeln befreien. Es soll kein „Ziegenbart“ sein.

Ohren: Innenseite von überflüssigen Haaren befreien. Das Haar des Behangs bleibt wie gewachsen und möglichst lang. Vom Oberkopf über Ohransatz und Ohrknorpel flach trimmen. Anliegende Ohren sind gewünscht.

Hals: Vom Unterkiefer über die Vorbrust bis zum Ellenbogengelenk eine senkrecht gerade Linie schaffen. Vom Hinterhauptstachel über den seitlichen Hals und Nacken etwas länger werden lassen. Unterm Ohrleder kurz halten.

Rumpf: Überstehendes Haar abtrimmen, sodass das Gebäude gut zu erkennen ist. Wolliges oder lockiges Haar muss auf jeden Fall entfernt werden. Afterregion säubern. Über den Sitzhöcker flach, aber nicht kurz bis zum Sprunggelenk trimmen. Das Haar von der Unterbrust zum Unterbauch leicht ansteigend mit abtrimmen.

Rute: Oberseite der Länge des Deckhaares anpassen. Die Unterseite darf nicht gekürzt werden. Dick am Ansatz und sich zur Spitze verjüngend soll die Rute wie ein Säbel aussehen. Der Standard nennt das „ährenförmig“.

Läufe: Vorderläufe vom Rumpf bis zum großen Zehenballen gerade heruntertrimmen, aber nicht zu kurz, da die Vorderfußwurzel mit Haaren bedeckt sein soll. Hinterläufe bis zum Sprunggelenk trimmen, sodass keine „Pluderhosen“ entstehen. Hintermittelfuß gerade bis zur Pfote trimmen.

Pfoten: Mit dem Trimmmesser um den Ballen herum in Form bringen. Zwischen den Ballen ausputzen und Oberseite so trimmen, dass man die Zehen nicht sieht. Übergang zum Beinhaar schaffen.

Nach dem Bad

Bei diesen Hunden sollten die Pfoten nach dem Bad geschnitten werden, um die Scheren zu schonen.
Ansonsten alles noch einmal nachputzen und überstehende Zipfel entfernen. Vor allem Augenbrauen und Bart in die beste Form bringen.

Havaneser

Auszüge aus dem Standard

Allgemeines Erscheinungsbild:	Kleiner, kräftiger, niederläufiger Hund mit langem, üppigem, weichem und vorzugsweise gewelltem Haar. Widerristhöhe bei Rüden und Hündinnen 23 bis 27 cm; eine Abweichung von 2 cm nach oben oder unten wird toleriert.
Kopf:	Flach bis sehr wenig gewölbt, breit. Von oben gesehen abgerundet. Stopp mäßig ausgeprägt.
Ohren:	Relativ hoch angesetzt; fallen längs der Backen und bilden eine unauffällige Falte. Von langen Fransen besetzt.
Hals:	Von mittlerer Länge.
Rumpf:	Oberlinie gerade, über den Lenden leicht gewölbt. Untere Linie gut aufgezogen.
Läufe:	Vorderläufe gerade und parallel, Hinterläufe mäßige Winkelung.
Pfoten:	Klein, leicht länglich, Zehen eng aneinander liegend.
Haarkleid:	Unterhaar nur schwach entwickelt oder ganz fehlend. Deckhaar 12 bis 18 cm lang, weich, glatt oder gewellt, kann lockige Strähnen bilden.
Farben:	Selten Reinweiß, Falbfarben in verschiedenen Tönungen, Schwarz, Havannabraun, Tabakfarben, Rötlichbraun. Flecken in den erwähnten Farben sind zulässig. Brand-Markierungen sind erlaubt.

Pflegeanweisung

Laut dem Standard sind jedwede Zurechtmachung des Fells, jedes Ausgleichen der Haarlänge mit der Schere und jede Art von Trimmen verboten. Ausnahmen sind die Säuberung der Haare an den Pfoten sowie das leichte Kürzen der Haare an der Stirn, damit die Augen nicht bedeckt werden. Auch die Haare am Fang dürfen leicht gekürzt werden, sollten aber bevorzugt in der natürlichen Länge belassen werden.

Wenn der Hund aber nicht ausgestellt werden soll, ist ein Pet-Clip (siehe Seite 208ff.) durchaus geeignet.

Vor dem Bad

Pfotenunterseite mit einem 1-mm-Scherkopf frei scheren. Dabei darauf achten, dass die überstehenden Haare nicht mit abgeschnitten werden.
Kämmen Sie den Hund mit einer Bürste mit langen Pins gründlich durch und achten Sie darauf, dass keine Knoten übrig bleiben.

Baden

Baden Sie den Hund mit einem Langhaarshampoo und anschließend mit einem feuchtigkeitsspendenden Conditioner.
Föhnen Sie den Hund mit einem Standföhn und einer Bürste trocken und glatt. Bei einem Blower würden die Haare sich zu sehr verknoten.
Auf dem Kopf teilen Sie die Haare mit einem Stielkamm kurz über den Augen ab und binden mit einem Haargummi ein Top-Knot.
Die Pfoten können mit einer gebogenen Schere etwas rund geschnitten werden.

Irish Soft Coated Wheaten Terrier

Auszüge aus dem Standard

Allgemeines Erscheinungsbild:	Harter, aktiver Hund mit kurzer Lendenpartie, der gut gebaut ist und den Eindruck von Kraft vermittelt; weder zu hochläufig noch zu tief am Boden stehend. Widerristhöhe bei Rüden 46 bis 48 cm, Hündinnen etwas kleiner.
Kopf:	Von mittlerer Länge, Vorgesicht nicht länger als der Schädel. Starker Kiefer. Schädel flach, reichlich Haar bedeckt den ganzen Kopf.
Ohren:	Klein, fein, nach vorn gefaltet, mit Haar und Fransen versehen.
Hals:	Von mittlerer Länge ohne Wamme.
Rumpf:	Kompakt, mäßig lang. Der Brustkorb ist tief mit gut gewölbter Rippe, kurzer Lendenpartie.
Läufe:	Vorhand mit geneigten, niedrigen, aber bemuskelten Schultern. Läufe perfekt gerade von jeder Seite gesehen. Hinterhand gut entwickelt mit starker Muskulatur, Knie gewinkelt, Sprunggelenke in Senkrechtstellung.
Pfoten:	Klein mit gut geballten Zehen.
Haarkleid:	Einfaches Haar ohne Unterwolle, weich und seidig, nicht harsch. Trimmen ist erlaubt.
Farben:	Alle Schattierungen von heller Weizenfarbe bis zu Rotgold.

Pflegeanweisung

Im Standard sind direkte Angaben zur Fellpflege festgelegt. Hier die wichtigsten Anweisungen:
Bei getrimmten Hunden wird das Haarkleid an Körper und Hals, Brust und Schädel kurz geschnitten; über den Augen und unter dem Kiefer wird es besonders lang belassen, wobei die Bartbildung gefördert wird. Reiche Befederung an den Läufen. Die Körperbehaarung wird den äußeren Konturen des Hundes folgend getrimmt. Die Rute wird kurz, in einer sauberen Spitze endend, getrimmt.
Bei ungetrimmten Hunden darf das Haarkleid nicht länger als 12,7 cm sein. Es ist weich, wellig oder offengelockt und hat einen seidigen Glanz. Es darf nicht vom Körper abstehen. Welpen durchlaufen mehrere Wechsel von Farbe und Textur, ehe sie das Erwachsenenhaarkleid entwickeln, was gewöhnlich im Alter zwischen 18 und 30 Monaten geschieht.

Vor dem Bad

Kopf: Oberkopf hinter dem Stirnbein beginnend bis zum Hinterhauptstachel und Wange vom Ohransatz bis zum Lippenwinkel auf etwa 1 cm kürzen. Hierfür eine Modellierschere oder einen Scherkopf von 7 oder 9 mm verwenden.

Ohren: Die Ohren innen und außen mit dem 2-mm-Scherkopf scheren. Dabei darauf achten, dass die Haare am Ohransatz nicht zu kurz werden. Die Haare vom Kopf sollten leicht über den Ohransatz ragen.

Rumpf: Vom unteren Ohransatz über den seitlichen Hals und den Oberarm bis zum Ellenbogengelenk und von der Kehle angefangen über die Vorbrust mit dem gleichen Scherkopf wie oben arbeiten (7 oder 9 mm). Beim Rüden Unterbauch und Penis mit dem 3- oder 5-mm-Scherkopf scheren, ebenso Rutenunterseite und Afterregion.

Nach dem Bad

Kopf: Mit der Effilierschere den Übergang vom geschorenen Teil zum längeren Haar des Vorgesichts so in Form bringen, dass die typische, kastenförmige Kopfform des Terriers entsteht. Die obere Linie vom Nasenspiegel zum Hinterhauptstachel soll fast waagerecht verlaufen, aber das Auge soll zu sehen sein. Alles, auch der Kopf, soll etwas weicher wirken als bei den anderen Terriern.

Rumpf: Übergänge mit der Effilierschere vom geschorenen zum längeren Haar ohne Absatz herstellen. Von Rücken und Kruppe nur so viel abnehmen, dass die Welle erhalten bleibt. Auf eine gerade Rückenlinie achten! Seitliche Brust und Flanke kürzer effilieren. Das untere Brustprofil verläuft vom aufgezogenen Bauch schräg nach vorn, länger werdend etwa bis zum Ellenbogengelenk. Nichts abschneiden; falls nötig, unschöne Zipfel mit der Effilierschere entfernen.

Rute: In Form schneiden.

Läufe: Übergang von der Vorbrust zum Beinhaar ohne Absatz in vertikaler Linie weiterführen, um eine gerade Front zu erzielen. Das Haar an der Vorhand wird nach hinten gekämmt und es werden nur die Spitzen gekürzt.
Bei der Hinterhand die Afterregion kurz schneiden oder mit einem 7F-Scherkopf das offene Gothic Window scheren, um die Winkelung gut zu betonen. Dabei das Entstehen von „Pluderhosen“ vermeiden. Beim Hintermittelfuß die Haarlänge des Unterschenkels anpassen.

Pfoten: Ballenränder nach oben hin rund umschneiden und so dem Beinhaar angleichen, dass die Pfote nicht „abgeknickt“ wirkt.

Irish Terrier

Auszüge aus dem Standard

Allgemeines Erscheinungsbild:	Ein hochbeiniger, lebhafter, schlanker und drahtiger Hund, der viel Substanz aufweist, ohne dabei plump zu wirken. Schnelligkeit, Ausdauer und Kraft sind unentbehrliche Attribute. Er darf weder grob noch untersetzt gebaut sein; vielmehr sollte man ihm aufgrund seiner anmutigen, schnittigen Konturen Schnelligkeit ansehen können. Widerristhöhe bei Rüden und Hündinnen etwa 45 cm.
Kopf:	Der Kopf ist lang, der Schädel flach und zwischen den Ohren ziemlich schmal. Zu den Augen hin wird der Kopf noch etwas schmaler. Der Oberkopf ist faltenlos, der Stirnabsatz ist nur im Profil erkennbar, sonst kaum. Die Kiefer sind kräftig und bemuskelt, in der Wangenpartie jedoch nicht zu dick; ihre Länge erlaubt es dem Irish Terrier, gut zupacken zu können. Das Vorgesicht darf nicht flachgesichtig, zwischen oder unter den Augen abrupt abfallend wirken, sondern sollte hier gut ausgefüllt sein. Ein keilförmiges Aussehen des Vorgesichtes kann durch geschicktes Trimmen vermieden werden. Das Haar ist in sich gekräuselt und nur so lang, dass es dem Vorgesicht das Aussehen zusätzlicher Kraft verleiht.
Ohren:	Klein und V-förmig, mäßig dick, gut am Kopf angesetzt, nach vorn fallend und dabei eng an den Wangen anliegend. Die Ohren sind fransenlos, ihr Haar kürzer und von dunklerer Farbe als das des Körpers.
Hals:	Von angemessener Länge; zu den Schultern hin allmählich weiter. Eine leichte Krause zieht sich beidseitig bis fast zum Ohransatz hin.
Rumpf:	Die Brust ist tief und kräftig, jedoch weder plump noch breit. Das Gebäude ist von mittlerer Länge, der Rücken kräftig und gerade, ohne die geringste Schwäche hinter den Schultern. Die Lendenpartie ist kräftig und leicht gebogen; die Rippen sind elastisch, mehr tief als rund, und reichen weit zurück.

Auszüge aus dem Standard

Läufe:	Die Schultern sind elegant, lang und verlaufen schräg in den Rücken. Die Vorderläufe sind von mittlerer Länge, stehen völlig gerade von den Schultern herab, haben kräftige Knochen und sind bemuskelt. Das Haar an den Läufen ist dicht und kräuselig. Die Hinterhand ist kräftig und bemuskelt, die Schenkel sind athletisch, die Sprunggelenke tief angeordnet, die Kniegelenke nur mäßig gewinkelt.
Pfoten:	Kräftig, ziemlich rund und von mittlerer Größe; sie sind weder nach innen noch nach außen gestellt. Die Zehen sind gebogen (Katzenpfote).
Haarkleid:	Dicht und drahtig, harsch und hart; erweckt den Eindruck, ohne Spitzen (broken = gebrochen) zu sein; es ist weder weich noch seidig. Die Haarlänge darf die Konturen des Körpers und besonders die der Hinterhand nicht verdecken. Das Haar ist gerade und liegt flach an, ist weder struppig noch lockig oder geringelt. Unter dem kräftigen Deckhaar wächst das Unterhaar dünner und weicher.
Farben:	Rot, Rotweizen oder gelbliches Rot.

Pflegeanweisung

Beim Irish Terrier ist es wichtig, die richtigen Trimmintervalle einzuhalten, denn er hat Doppelhaar und wenn das Oberhaar im rechten Moment getrimmt wird, ist das nächste Haar bereits eine geschlossene Decke, die sich rasch festigt und neu verdichtet. Wartet man mit dem Trimmen zu lange, erfasst man beide Haarlängen und verrupft den Hund, dessen Fell dann lange braucht, bis es wieder die volle Leuchtkraft und Qualität des Doppelhaares aufweist. Wenn unter dem Deckhaar eine Schicht frisch gewachsener Haarspitzen zu sehen ist (Spitzen sind immer dunkler!), ist der rechte Moment zum Trimmen gekommen. In diesem Zustand trimmt es sich am leichtesten, weil das Haar „reif“ ist.
Zu scheren mit dem 3-mm-Scherkopf sind nur der Unterbauch und die Innenseite des Oberschenkels.

Rumpf: Mit dem Trimmen beginnt man unmittelbar unter dem Hinterhauptstachel, wobei dafür ein stumpfes Trimmmesser oder ein Trimmstein benutzt werden kann, vom kürzeren Haar des Halses (oben und seitlich) länger werdend in die Widerrist- und Rückenlinie übergehend. Die Seitenpartien werden kürzer gehalten, die Brustwölbung sollte betont werden, deswegen tief genug heruntertrimmen.
Die Flanke wird kurz getrimmt und es sollte ein Übergang zum Beinhaar entstehen. Der Flankenrand wird nachgeschnitten. An der Unterbrust dem Profil folgend nur überstehende Spitzen entfernen und damit die Brusttiefe betonen.
Hals, Oberarm und Vorbrust werden mit dem feinen Trimmmesser ganz kurz getrimmt. Übergänge zum längeren Rücken- und Beinhaar ohne Absatz werden herausgearbeitet.

Rute: Die Rute der Oberseite der Decke anpassen, an der Unterseite auch trimmen oder mit der Modellierschere kurz schneiden; den Übergang mit dem Trimmmesser ausgleichen.
Das Haar um den After herum und die Rückseite der Oberschenkel ganz kurz trimmen oder mit der Effilierschere schneiden, wenn der Hund sehr empfindlich ist.

Kopf: Hinter den Augenbrauen beginnend den Oberkopf ganz kurz trimmen. Übergänge zum etwas längeren Haar des Halses ohne Absatz trimmen. Augenbrauen schmal, vom äußeren zum inneren Augenwinkel länger werdend.
Übergang von der schmal gewünschten Wangenpartie zum Bart schaffen und von der Kehle am Unterkiefer entlang bis zu den Lippenwinkeln in elegantem Bogen angleichen.

Hinweis
Sollte der Hund nach dem Trimmen gebadet werden, kann man sowohl die Läufe als auch das Vorgesicht nach dem Bad vollenden und vom Föhnen überstehende Haare noch zupfen.

Ohren: Außen und innen abtrimmen und Ränder sauber zupfen.

Läufe: Die Vorderläufe werden ringsherum von überstehenden Haaren befreit, um sie säulenartig erscheinen zu lassen. Unter den Achseln mit der Schere kurz schneiden. Hinterläufe in Form trimmen. Außenseite kaum länger als das Haar der Decke, Knie kaum betont, hinteres Profil sehr kurz. Das offene Gothic Window gut ausarbeiten. Der Hintermittelfuß soll säulenförmig zum Boden stehen. Sprunghöcker nicht zu sehr betonen.

Pfoten: Umschneiden, dabei dürfen die Krallen sichtbar sein. Übergang zum Beinhaar ohne Absatz.

Irish Wolfhound

Auszüge aus dem Standard

Allgemeines Erscheinungsbild:	Der Irish Wolfhound soll in seinem Gesamtaussehen dem Deerhound gleichen, muss aber robuster, schwerer und weniger windhundartig wirken. Diese aus Irland stammende Rasse hat zur Entstehung des Deerhounds beigetragen. Der Irish Wolfhound gilt heute als die größte Hunderasse. Widerristhöhe bei Rüden mindestens 79 cm, bei Hündinnen 71 cm.
Farben:	Grau, Gestromt, Rot, Schwarz, Weiß, Rehbraun oder jede andere beim Deerhound vorkommende Farbe.

Pflegeanweisung

Kopf: Der Kopf soll möglichst wenig verändert werden. Den Oberkopf trimmen, um ihn flach erscheinen zu lassen. Sollte der Schädel sehr breit sein, kann man auch seitlich überstehende Haare wegnehmen.

Ohren: Falls die Ohren sehr haarig sind, die Außenseite leicht abtrimmen, dabei aber eine „zarte Franse" stehen lassen.

Hals: Von oben und seitlich leicht abtrimmen, um Länge und obere gebogene Halslinie zu betonen.

Rumpf: Beim Irish Wolfhound kann der ganze Rumpf in gleicher Haarlänge gehalten werden.

Rute: Von überstehenden Haaren befreien, aber nicht zu sehr ausdünnen.

Läufe: Bei zu gerader gestellter Schulter den Oberarm bis zum Ellenbogen „schräg" trimmen. Unterarm soll ganz gerade erscheinen. Bei der Hinterhand die Winkelung im Profil leicht modellieren. Die Hinterhandwinkelung rausarbeiten.

Pfoten: Nur Ballenränder umschneiden; auf der Pfote reichlich Haare stehen lassen, um die gut gewölbten Zehen zu betonen.

Jack Russel und Parson Russel Terrier

Früher waren diese Hunde unter dem Namen Parson Jack Russell Terrier bekannt. Heute werden Jack Russell Terrier und Parson Russell Terrier unterschieden, wobei das äußere Erscheinungsbild sehr ähnlich ist und sich die beiden Rassen nur durch die Größe und Körperproportionen gering unterschieden.
Die Fellbeschaffenheit kann glatt-, rau- oder stockhaarig sein.

Auszüge aus dem Standard Jack Russell Terrier

Allgemeines Erscheinungsbild:	Kräftiger, lebhafter und geschmeidiger Arbeitsterrier mit beweglichem, mittellangem Gebäude. Der Hund ist insgesamt länger als hoch. Die Tiefe des Körpers vom Widerrist bis zur Unterseite des vorderen Brustkorbs sollte gleich der Länge der Vorderläufe vom Ellenbogen bis zum Boden betragen. Die Beinlänge beträgt in etwa die Hälfte der Gesamthöhe. Widerristhöhe bei Rüden und Hündinnen 25 bis 30 cm.
Kopf:	Der Schädel ist flach und mäßig breit, zu den Augen hin allmählich schmaler werdend zu einem breiten Vorgesicht. Backenmuskulatur gut entwickelt. Ausgeprägter Stopp, nicht zu stark betont.
Ohren:	Sehr bewegliche Knopf- oder Hängeohren.
Läufe:	Vorhand kräftig. Hinterhand bemuskelt mit guter Winkelung.
Pfoten:	Kompakt mit festen Ballen.
Haarkleid:	Harsch, anliegend und dicht; rauhaarig, stichelhaarig oder glatt.
Farben:	Weiß muss vorherrschen mit schwarzen und/oder lohfarbenen Abzeichen in allen Schattierungen vom hellsten bis hin zum sattesten Loh (Kastanienbraun).

Pflegeanweisung

Der **Jack Russel Terrier** wird komplett getrimmt und niemals geschoren!
Kopf: Vom Oberkopf nur wenig abtrimmen, den Stopp betonen. Wangenpartie nur so weit abtrimmen, dass die Linie von dort zum Bart nicht unterbrochen ist.
Bart und Augenbrauen der Form des Kopfes anpassen.
Ohren: Von Hand oder mit einem Detailer sauber abzupfen.
Hals: Kurz trimmen, zur Schulter hin länger werden lassen.
Rumpf: Das raue Haar der Decke so trimmen, dass eine gerade Rückenlinie entsteht. Übergänge zu den Schenkeln ohne Absatz. An der seitlichen Brust tief heruntertrimmen, um die Brustwölbung zu betonen. Das Haar der Unterbrust nur wenig kürzen. Afterregion und Sitzfläche kurz halten, beim Rüden den Penis mit dem 2- oder 3-mm-Scherkopf sauber scheren.
Rute: Oberseite der Länge des Rückenhaares angleichen, die Rute eventuell (falls der Hund empfindlich ist) mit der Effilierschere in Form bringen.
Läufe: Vorhand gerade heruntertrimmen. Kleine Fehler kann man mit längerem Haar kaschieren. Hinterhand von der Decke ohne Absatz trimmen; auf den Schenkeln etwas länger lassen, um die bemuskelte Hinterhand zu betonen. Die Winkelung bis zum Sprunggelenk und die Linie vom Knie zum Sprunggelenk ganz kurz trimmen.
Pfoten: Mit der gebogenen Schere zwischen den Ballen ausputzen. Oberseite abtrimmen oder mit der Effilierschere der Pfotenform nachschneiden.

Auszüge aus dem Standard Parson Russell Terrier

Allgemeines Erscheinungsbild:	Arbeitsfreudig, lebhaft und wendig; für Schnelligkeit und Ausdauer gebaut. Vermittelt einen allgemeinen Eindruck von Harmonie und Beweglichkeit. Die Gesamtlänge des Körpers ist geringfügig größer als die Höhe vom Widerrist zum Boden. Ideale Widerristhöhe bei Rüden 36 cm, bei Hündinnen 33 cm.
Kopf:	Der Schädel ist flach, mäßig breit, zu den Augen hin allmählich schmäler werdend. Flacher Stopp.
Ohren:	Klein, V-förmig, nach vorn fallend und dicht am Kopf getragen.
Hals:	Klar umrissen, von guter Länge, sich zu den Schultern hin allmählich verstärkend.
Rumpf:	Brustkorb von mäßiger Tiefe, dabei nicht tiefer als bis zum Ellenbogen reichend.
Rute:	Kräftig, gerade, mäßig hoch angesetzt, in der Bewegung gut hochgetragen.
Läufe:	In der Vorderhand kräftige Läufe, die gerade sein müssen. Die Hinterläufe sind kräftig bemuskelt mit guter Winkelung.
Pfoten:	Kompakt, mit festen Ballen.
Haarkleid:	Haar von Natur aus harsch, anliegend und dicht, gleichgültig, ob rauhaarig, stockhaarig oder glatt. Mit guter Unterwolle. Bauch und Unterseiten behaart. Das getrimmte Haar soll natürlich und niemals geschnitten aussehen.
Farben:	Einfarbig Weiß oder vorwiegend Weiß mit lohfarbenen, gelben oder schwarzen Abzeichen oder jede Kombination dieser Farben, vorzugsweise beschränkt auf den Kopf und/oder auf den Ansatz der Rute, aber ein wenig Farbe am Körper ist zulässig.

Pflegeanweisung

Der **Parson Russel Terrier** wird komplett getrimmt und niemals geschoren!
Kopf: Am Stopp beginnend den Oberkopf flach trimmen. Übergang zur etwas längeren Wangenpartie schaffen, von dort unter den Augen kürzer, dann für einen Übergang zum Bart sorgen. Die Länge des Bartes und der Augenbrauen dem Typ anpassen.
Ohren: An der Unterseite von überflüssigem Haar befreien, außen nur abtrimmen und die Ränder sauber nachschneiden.
Hals: Kurz trimmen. Wenn der Hund im Gebäude etwas zu lang ist, die Vorbrust bis zum Ellenbogengelenk ebenso kurz trimmen. Übergang zur Schulter länger werden lassen.
Rumpf: Das raue Haar der Decke so trimmen, dass eine gerade Rückenlinie gegeben ist, Übergänge zu den Schenkeln ohne Absatz.
Rute: Die Oberseite der Länge des Rückenhaares angleichen. Die Rute eventuell mit der Effilierschere in die beste Form bringen. Afterregion und Sitzfläche sehr kurz halten.
Läufe: Die Vorderläufe gerade heruntertrimmen; auf der Außenseite des Ellenbogens ganz kurz, an der Rückseite eventuell etwas länger stehen lassen, um den Lauf kräftiger erscheinen zu lassen. Die Hinterhand von der Decke ohne Absatz trimmen; auf den Schenkeln etwas länger lassen, um die bemuskelte Hinterhand zu betonen. Vom Sitzhöcker bis zum Sprunggelenk sehr kurz trimmen, um die Winkelung zu betonen. Die Linie vom Knie zum Sprunggelenk ebenfalls kurz trimmen.
Pfoten: Mit der gebogenen Schere zwischen den Ballen ausputzen. Oberseite abtrimmen oder mit der Effilierschere Ballenränder umschneiden.

Kerry Blue Terrier

Auszüge aus dem Standard

Allgemeines Erscheinungsbild:	Stattlich, gut gebaut und ausgewogen im Erscheinungsbild; ein gut entwickelter, muskulöser Körper, der deutlich erkennbar die typischen Merkmale eines Terriers aufweist. Widerristhöhe bei Rüden 45,5 bis 49,5 cm, bei Hündinnen 44,5 bis 48 cm.
Kopf:	Ausgeglichen lang und schmal. Fang und Kiefer sehr stark und tief, leichter Stopp, flacher Schädel.
Ohren:	Dünn und nicht groß, nach vorn fallend oder nach vorn gerichtet; dicht an den Seiten des Kopfes getragen.
Hals:	Kräftig und lang.
Rumpf:	Tiefer Brustkorb, gut gewölbte Rippen, Rückenlinie gerade.
Läufe:	Die Schultern der Vorhand so trocken wie möglich, mit immer am Körper anliegenden Ellenbogen, Läufe gerade mit gerader Front. Hinterhand mächtig und gut entwickelt. Gut gewinkeltes Knie und Sprunggelenk nahe am Boden.
Pfoten:	Rund und klein.
Haarkleid:	Weich, üppig und wellig.
Pfoten:	Blau in allen Schattierungen mit oder ohne schwarze Abzeichen.

Pflegeanweisung

Der Kerry Blue Terrier sollte mindestens alle acht Wochen geschnitten werden.

Baden

Es empfiehlt sich, den Kerry Blue vor dem Schneiden mit einem Vorwaschshampoo und anschließend mit einem Volumenshampoo zu baden. Zum Föhnen kann ein Hoodie als Gehörschutz verwendet werden. Die Haare gut glatt föhnen.

Nach dem Bad

Kopf: Oberkopf bis Hinterhauptstachel mit einem 7F (3- oder 4-mm-Scherkopf) scheren. Die Wangenpartie vom unteren Ohransatz zum äußeren Augenwinkel und von dort in schräger Linie zum Lippenwinkel gegen den Strich scheren, ebenso von der Kehle aufwärts bis zum Beginn des Bartes (ebenfalls Lippenwinkel).
Brauen nach vorn kämmen. Von den äußeren Augenwinkeln angefangen schräg zur Nase mit der Effilierschere so kurz schneiden, dass das Auge seitlich frei ist. Den mittleren Teil der Brauen in den Bart mit einbeziehen. Bart nach vorn kämmen und nur so viel schneiden, dass der Kopf eine rechteckige Form erhält. Bartlänge nicht kürzen, nur überstehende Spitzen entfernen. Im Profil sollen Vorgesicht und Oberkopf eine waagerechte Linie bilden, keine Acht Schneiden. Der Bart sollte mit den Wangenknochen eine Linie nach vorn abwärts bilden, um einen schönen eleganten Kopf zu modellieren.

Ohren: Mit dem 2-mm-Scherkopf innen und außen scheren und die Ohrränder mit der Pfotenschere sauber nacharbeiten. Zur Hilfe kann man diese auch etwas anfeuchten.

Hals: Seitliche und untere Halsseite und das Brustbein V-Förmig bis zum Ohrknorpel mit dem 3- oder 4-mm-Scherkopf scheren. Vom Augenwinkel zum unteren Maulwinkel und den Unterkiefer bis zum Fangzahn kurz scheren. Die Oberseite des Halses vom Hinterhauptstachel bis zum Beginn des Widerristes mit einem Speedcutter oder einer geraden Schere schneiden und etwas länger als die Schultern und den Rumpf lassen.

Rücken: Mit dem Speedcutter oder der geraden Schere eine gerade Rückenlinie schneiden. Etwas kastenförmig, aber dennoch leicht abgerundet ins seitliche Profil.

Rumpf: Rücken mit der Schere absolut gerade schneiden oder mit einem 7-, 9- oder 12-mm-Scherkopf scheren. Die Welle muss klar erkennbar sein. Einen Übergang zur Lende, seitlichen Brust und Flanke herstellen; die Flanke etwas kürzer als den Rücken halten. Unterbauch und Innenseite der Oberschenkel bis kurz über dem Knie mit einem 3-mm-Scherkopf scheren.
Bei der unteren Linie vom Tuck-Up (höchster Punkt der unteren Linie direkt unter dem letzten Rippenbogen) eine Rundung schneiden. Vom höchsten Punkt der Linie abfallend Richtung Ellenbogen folgen. Übergang von der seitlichen Brust zur Unterbrust ohne Absatz vollenden.

Läufe: Vorderläufe von den Schulterblättern ins Bein gerade, voll und rund, senkrecht zum Boden stehend nacharbeiten. Ellenbogen kürzer schneiden. Bei den Hinterläufen das hintere Schenkelprofil der Winkelung (Gothic Window) mit 4-mm-Scherkopf kurz scheren. Sprunghöcker leicht betonen und an der Innenseite so nachschneiden, dass keine O-Beine entstehen. Die Haarlänge der Hinterläufe dem der Vorderläufe angleichen, damit ein einheitliches Profil entsteht. Vom Ballen zum Sprunggelenk einen 45°-Teller schneiden und die Pfoten abrunden. Keine „Pudelbeine“ schneiden!

Pfoten: Im Übergang zum Beinhaar rund schneiden.

Rute: Oberseite mit der Schere der Länge des Rückenhaares anpassen; untere Seite kürzer. Am Rutenende in Form schneiden. Es entsteht optisch die Form eines Skorpionstachels.

Wenn der ganze Hund fertig geschnitten ist, empfiehlt es sich, das Haarkleid mit einer Wassersprühflasche nebelfeucht zu besprühen, damit der gelockte Fellcharakter zum Vorschein kommt.

Lagotto Romagnolo

Auszüge aus dem Standard

Allgemeines Erscheinungsbild:	Dieser ursprüngliche Wasser-Apportierhund ist klein bis mittelgroß, kräftig gebaut mit rustikalem Aussehen und einem dichten, gelockten Haar von wollender Struktur. Widerristhöhe bei Rüden 43 bis 48 cm, bei Hündinnen 41 bis 46 cm; eine Abweichung von 1 cm nach oben oder unten wird toleriert.
Kopf:	Von oben betrachtet trapezförmig und mäßig breit. Von der Seite betrachtet ist der Schädel vom nicht zu starken Stopp bis zum Hinterhauptbein länger als der Fang.
Ohren:	Dreieckig mit abgerundeter Spitze. Wird das Ohr längs des Fangs nach vorn gelegt, soll es ein Viertel der Länge des Fangs erreichen. Die Innenseite der Ohrmuschel ist vollständig behaart.
Hals:	Kräftig, bemuskelt, dünn, von ovalem Durchmesser; ohne Wamme, leicht gewölbt.
Rumpf:	Kräftig und kompakt, die Länge entspricht der Widerristhöhe. Brust reicht bis zum Ellenbogen, vorn ziemlich schmal, nach hinten breiter. Das Brustbein ist lang und bildet eine gerade Linie; weiter nach hinten ist die untere Linie nur leicht aufgezogen.
Rute:	Weder zu hoch noch zu tief angesetzt, sich zur Spitze verjüngend. Mit wolligem und struppigem Haar befedert. Säbelförmig getragen, bei Aufmerksamkeit deutlich höher, aber nicht gerollt.
Läufe:	Vorderhand senkrecht von vorn und von der Seite gesehen. Hinterhand kräftig, von hinten betrachtet senkrecht und parallel.
Pfoten:	Leicht gerundet, mit gewölbten, eng aneinander liegenden Zehen, Hinterpfoten etwas ovaler als Vorderpfoten. Zwischenzehenmembran gut entwickelt.

Auszüge aus dem Standard	
Haarkleid:	Wollige Struktur, niemals gedreht. An der Oberfläche etwas rau, mit engen, ringförmigen Locken und sichtbarer Unterwolle. Am ganzen Körper auf der Rute gleichmäßig verteilt, üppige Augenbrauen, Oberlippen- und Kinnbart. Das Haar neigt zum Verfilzen und muss daher mindestens einmal im Jahr geschoren werden. Verfilztes Haar muss regelmäßig entfernt werden. Das geschorene Haar soll nicht länger als 4 cm sein und mit der Silhouette des Hundes übereinstimmen. Nur am Kopf darf es länger sein, aber nicht die Augen bedecken. Im Anal- und Genitalbereich sollte es kurz geschoren werden. Das Haar darf nicht geformt oder ausgebürstet werden wie bei Pudel oder Bichon-Rassen. Übertriebener Haarschnitt führt auf Ausstellungen zum Ausschluss des Hundes.
Farben:	Einfarbig Grauweiß; Weiß mit braunen oder orangenen Flecken; Orangeschimmel, Braunschimmel; Braun in verschiedenen Tönungen mit oder ohne Weiß; Orange mit oder ohne Weiß; einige Hunde haben eine braune Maske; lohfarbene Zeichen sind zulässig.

Obwohl der Lagotto im Aussehen an einen Pudel erinnert, darf er weder so ausgebürstet noch geformt werden wie Pudel oder Bichon-Rassen. Auch ein übertriebener Haarschnitt sorgt für Ausschluss bei Ausstellungen.

Pflegeanweisung

Vor dem Bad

Bürsten Sie den Hund gründlich mit einer Drahtbürste durch (z. B. mit einer Christ Christensen). Scheren Sie die Pfotenunterseite mit einem 1-mm-Scherkopf aus. Scheren Sie Anal- und Intimbereich mit einem 2- oder 3-mm-Scherkopf ein wenig frei. Zupfen Sie die Ohren aus, da der Lagotto sehr viel Haarwuchs im Ohr hat, und reinigen Sie die Ohren anschließend gründlich.

Baden

Baden Sie den Hund zunächst gründlich mit einem Vorwaschshampoo vor und anschließend mit einem Pflegeshampoo.
Setzen Sie dem Hund einen Hoodie auf und blowen Sie ihn zu 90 % trocken. Die restlichen 10 % werden mithilfe einer Bürste und einem Standföhn trocken und glatt. Kämmen Sie dann den Hund mit einem großen Kamm durch und prüfen Sie, ob das Fell knotenfrei ist.

Nach dem Bad

Der Lagotto wird für eine Ausstellung nur mit der Schere geschnitten, der Körper sollte von der Seite quadratisch aussehen.

Kopf: Das Haar am Kopf sollte länger sein als das Haar am Körper. Das Haar am Augenwinkel kann mit einer feinen Modellierschere kurz geschnitten werden, lassen Sie jedoch die Haare auf der Nase stehen. Kämmen Sie das Haar an der Schnauze nach vorn und schneiden Sie das Haar, dass über die Nase geht, mit einer gebogenen Schere rund ab. Runden Sie den Rest der Barthaare auf Höhe der Ohrspitze ein. Runden Sie den Oberkopf mir einer gebogenen Schere von vorn nach hinten ein und schaffen einen Übergang in den Nacken.

Ohren: Die Haare am Ohrenrand werden kurz geschnitten, die Haare auf dem Ohr bleiben länger.

Rumpf: Die Brust und der Hals können auf wenige Millimeter kurz geschnitten werden, dafür verwenden Sie eine gerade Schere oder einen Speedcutter. Der Bereich unter der Rute wird auch sehr kurz und gerade geschnitten, somit wirkt der Hund quadratisch. Die Rückenlinie wird ebenfalls gerade geschnitten; dort kann man etwa 2 cm Fell stehen lassen. Die untere Linie kann mit einer geraden Schere von hinten nach vorn in Form geschnitten werden.

Läufe: Die Vorderbeine werden mit einer geraden Schere zu einer kurzen Säule geschnitten. Das Hinterbein wird in Form des Beines nachgeschnitten. Die Hinterbeine sollten gleich dick wie die Vorderbeine sein, dafür verwenden Sie an den gebogenen Stellen eine gebogene Schere und an den geraden Stellen eine gerade Schere.

Pfoten: Die Pfoten werden mit einer gebogenen Schere umrandet und nach oben eingerundet.

Rute: Die Rute wird mit einer geraden Schere in die Form einer Karotte geschnitten.

Lakeland Terrier

Auszüge aus dem Standard

Allgemeines Erscheinungsbild:	Gut ausgewogen. Äußerlich dem Welsh Terrier nicht unähnlich, doch etwas kleiner als dieser und kürzer im Kopf. Widerristhöhe bei Rüden und Hündinnen maximal 37 cm.
Kopf:	Nicht zu lang, Oberkopf flach, Fang stark, Längenverhältnis 1:1.
Ohren:	Ziemlich klein und V-förmig nach vorn fallend.
Hals:	Lang, leicht gebogen, ohne Wamme.
Rumpf:	Rücken kräftig, mäßig kurz, Brust eher schmal.
Rute:	Gut angesetzt, fröhlich getragen, jedoch nicht über den Rücken gezogen und geringelt.
Läufe:	Gerade Vorderläufe; sehr bemuskelte Hinterhand mit guter Winkelung.
Pfoten:	Klein, rund, mit gut gepolsterten Ballen.
Haarkleid:	Rauhaar; doppelte Behaarung aus dichtem hartem Deckhaar und kurzer weicher Unterwolle bestehend.
Farben:	Schwarz-Loh, Blau-Loh, Rot, Weizenfarben, Rot gestromt, Leberbraun, Blau, Schwarz.

Pflegeanweisung

Idealerweise sollte der Hund vollständig getrimmt werden.

Baden

Trimmbare Lakeland Terrier werden nach dem Trimmen mit einem hautverträglichen Terriershampoo nicht zu warm gewaschen. Werden die Hunde geschnitten, können sie vor dem Scheren und Schneiden gebadet und geföhnt werden.

Kopf: Kurz trimmen oder mit dem 5-mm-Scherkopf scheren. Wangenpartie vom unteren Ohransatz bis zum äußeren Augenwinkel und von der Kehle bis zum Lippenwinkel mit dem 2- oder 3-mm-Scherkopf scheren. Man denke sich eine schräge Linie vom äußeren Augenwinkel zum Lippenwinkel.

Hals: Oben kurz trimmen und einen Übergang zu den Seiten schaffen.

Ohren: Innen und außen sowie die Ohrränder mit einem Detailer kurz trimmen oder mit dem 2-mm-Scherkopf scheren und die Ohrränder mit einer kleinen Pfotenschere nachschneiden.

Rumpf: Die gesamte obere Linie mit einem stumpfen Trimmmesser abtrimmen. Dabei in die Seitenlinien einblenden bzw. länger werden. Sollte der Hund nicht trimmbar sein, kann hier ein 5- oder 6-mm-Scherkopf verwendet werden. Die Innenseite der Oberschenkel und die Afterregion mit einem 2- oder 3-mm-Scherkopf versäubern.

Vom Hals zum Widerrist das Haar länger werden lassen und damit den Übergang zum längeren Rückenhaar schaffen. Für eine waagerechte Rückenlinie bei leicht gewelltem Haar sorgen.

Lende sowie seitliche Brust und Flanke gleichmäßig kürzer trimmen. Beachten Sie, dass das Haar auf der Kruppe zum Rutenansatz hin im Allgemeinen stärker als auf dem vorderen Teil des Rückens ist. Dort muss also mehr weggenommen werden, um eine gerade Rückenlinie zu erzielen.

Rute: Oben und seitlich mit dem Trimmmesser gleichmäßig abtrimmen oder mit dem gleichen Scherkopf wie beim Rumpf (5 bis 6 mm) scheren.

Nach dem Bad

Alle noch aufstehenden Haare abzupfen bzw. geschorenen Partien nachscheren.

Unterbrust: Nur überstehendes Haar, dem Profil zum aufgezogenen Bauch folgend (Tuck-Up), abschneiden. Am höchsten Punkt der unteren Linie und dem Flankenrand sollten eine schöne Rundung entstehen und keine Zipfel abstehen.

Kopf: Hinter dem Stirnhöcker beginnend den Oberkopf flach, den Übergang zum Hals ohne Absatz, aber mit betontem Hinterhauptstachel nachtrimmen oder mit einem 3- oder 4-mm-Scherkopf kurz scheren. Von der kurz getrimmten oder geschorenen Wangen- und Kehlpartie Übergang zum Bart mit dem Trimmmesser oder der Effilierschere schaffen. Die Brauen mit den Fingern oder der Effilierschere keilförmig, am äußeren Augenwinkel kurz, am inneren länger werden lassen. Haare auf dem Nasenrücken in den Bart einbeziehen und auf keinen Fall kürzen. Vom Oberkopf zum Nasenspiegel soll im Profil gesehen eine waagerechte Linie verlaufen. Barthaar nach vorn kämmen und den untern Bart bis zum Fangzahn kurz trimmen oder scheren. Der Kopf soll elegant und terriertypisch aussehen.

Läufe: An den Vorderläufen nur überstehendes Haar kürzen, um säulenförmige Beine zu erzielen. Übergang zum kürzeren Haar des Oberarms trimmen. Kein Absatz!
Bei den Hinterläufen die Rückseite von der Afterregion bis zur Kniekehle sehr kurz schneiden oder trimmen, hierbei die Winkelung des offenen Gothic Windows betonen. Oberschenkel abtrimmen und einen Verlauf in das Bein bringen. Darauf achten, dass keine „Pluderhosen“ entstehen. Die Übergänge zu Flanke und Kruppe sollten ohne Absatz sein. Knie und Sprunggelenk betonen. Hintermittelfuß soll säulenförmig senkrecht zum Boden stehen.
Vom Hinterhandballen zum Sprunggelenk einen 45°-Teller schneiden.

Pfoten: In Form schneiden, aber so, dass die Pfote nicht „abgeknickt“ wirkt. Krallen dürfen sichtbar sein.

Lhasa Apso

Auszüge aus dem Standard

Allgemeines Erscheinungsbild:	Gut ausgewogen, robust, üppig behaart ohne Übertreibung. Widerristhöhe bei Rüden idealerweise 25 cm, Hündinnen etwas kleiner.
Kopf:	Mäßig schmal, nicht ganz flach, aber auch nicht gewölbt. Mittelmäßiger Stopp.
Ohren:	Hängend, stark behaart.
Hals:	Kräftig und gut gebogen.
Rumpf:	Ausgewogen und kompakt. Obere Linie gerade, Rippen reichen gut zurück.
Rute:	Hoch angesetzt, über dem Rücken, aber nicht wie ein „Topfhenkel" getragen. Oft am Rutenende mit einem Knick, reich behaart.
Läufe:	Vorderläufe gerade und üppig behaart; Hinterläufe gut gewinkelt und üppig behaart.
Pfoten:	Rund, Katzenpfoten ähnlich, mit festen Ballen und gut behaart.
Haarkleid:	Langes Deckhaar, schwer, gerade und hart, nicht wollig oder seidig. Mittelmäßig viel Unterwolle. Das Haar darf die Bewegung nicht beeinträchtigen. Üppiges Kopfhaar, das nach vorn über die Augen fällt, aber nicht die Fähigkeit gut zu sehen beeinträchtigen darf. Gut ausgebildeter Bart.
Farben:	Gold, Sandfarben, Honigfarben, Dunkel-Grizzle, Schieferfarben, Rauchgrau, Zweifarbig, Schwarz, Weiß oder Bräunlich. Alle Farben sind gleichermaßen erlaubt.

Der Lhasa Apso darf auf Ausstellungen nur mit seinem Fell in natürliche Form und Länge präsentiert werden. Es ist aber auch für einen sportlichen Pet-Clip (siehe Seite 208ff.) geeignet.

Pflegeanweisung

Vor dem Bad

Pfotenunterseite mit einem 1-mm-Scherkopf frei scheren. Dabei darauf achten, dass die überstehenden Haare nicht mit abgeschnitten werden.
Bürsten Sie den Hund mit einer Bürste mit langen Pins gründlich durch und achten Sie darauf, dass keine Knoten übrig bleiben.

Baden

Baden Sie den Hund mit einem Langhaarshampoo und anschließend mit einem feuchtigkeitsspendenden Conditioner. Föhnen Sie den Hund mit einem Standföhn und einer Bürste trocken und glatt. Bei einem Blower würden die Haare sich zu sehr verknoten.

Nach dem Bad

Auf dem Kopf teilen Sie die Haare mit einem Stielkamm kurz über den Augen ab und binden mit einem Haargummi ein Top-Knot.
Die Pfoten können mit einer gebogenen Schere etwas rund geschnitten werden.

Löwchen

Auszüge aus dem Standard

Allgemeines Erscheinungsbild:	Robust mit gutem Knochenbau, kurz und gut proportioniert mit hoch getragenem Kopf und windhundartiger Silhouette. Muss unbedingt im Löwenschnitt geschoren sein für die Ausstellung. Die nicht rasierten Teile müssen völlig natürlich sein, dürfen auf keinen Fall geschnitten werden. Widerristhöhe bei Rüden und Hündinnen 26 bis 32 cm, eine Abweichung von 1 cm nach oben oder unten ist erlaubt.
Kopf:	Kurz mit breitem Oberkopf und wie der Körper lang behaart. Die Nase hat einen geraden Rücken und einen schwarzen Spiegel, der gut auf der Verlängerung des Nasenrückens aufgesetzt ist. Die Augen sind rund, groß, ausdrucksvoll und sehr dunkel, dürfen jedoch nicht vorstehen.
Ohren:	Anliegend, lang und gut mit langen Fransen ausgestattet.
Rumpf:	Kurz und gut proportioniert.
Rute:	Mittellang, wird im Bogen nach oben getragen.
Läufe:	Gerade, schlank und in der Hinterhand gut gewinkelt.
Pfoten:	Klein, rund und ausgeschoren.
Haarkleid:	Seidig, lang, gewellt und dicht; ohne Unterwolle. Das Haar wird nach dem Standard geschoren.
Farben:	Alle Farben oder alle kombinierten Färbungen.

Pflegeanweisung

Bevor Sie mit der Arbeit beginnen, denken Sie daran, dass das Kopfhaar sowie das am ersten Drittel des Rumpfes „Jacke“ genannte lange Haar nicht geschnitten werden.

Vor dem Bad

Kopf: Unter der Nase zwischen Nase und Unterlippe mit einem 1- oder 2-mm-Scherkopf kurz scheren. Die Oberlippe sollte vorn sichtbar sein.

Rumpf: Bis zum Sprunggelenk etwa die letzten zwei Drittel des Rumpfes mit einem 1-, 2- oder 3-mm-Scherkopf (sehr kurz!) in Wuchsrichtung scheren. Die richtige Proportion richtet sich nach der Länge des Rückens. Achen Sie darauf, dass das lange Haar der „Jacke“ nicht in die Maschine gerät.

Rute: Ebenso kurz wie den Rücken etwa im ersten Drittel abscheren, sodass eine schöne Quaste erhalten bleibt (Löwenschur!).

Läufe: Vorderläufe von der fünften Kralle bis zum Ellenbogen mit dem 2- oder 3-mm-Scherkopf scheren. Auch hier darauf achten, dass das füllige Haar der Jacke nicht beschädigt wird.

Baden

Baden Sie den Hund zunächst mit einem Vorwaschshampoo und danach mit einem feuchtigkeitsspendenden Langhaarshampoo. Conditioner kann zur besseren Kämmbarkeit und Pflege verwendet werden, macht das Fell aber sehr weich.
Beim Föhnen und Blowen kann ein Hoodie als Gehörschutz verwendet werden.
Die Haare ganz trocken, filzfrei und glatt föhnen!

Nach dem Bad

Alle vorgeschorenen Partien sauber nachscheren.

Pfoten: Mit dem 1-mm-Scherkopf ausscheren, das heißt, von oben bis über das erste Zehenglied in Linie mit dem oberen Rand des Sohlenballens und von unten zwischen den Ballen. Das lange Haar am Fesselgelenk von unten mit waagerecht gehaltener gebogener Schere so weit abschneiden, dass die Zehen leicht sichtbar sind.

Kopf: Nichts schneiden, da das Haar natürlich fallen soll.
Wenn es gewünscht wird, das Haar zwischen und über den Augen nur mit der Effilierschere so kürzen, dass es nicht geschnitten aussieht. Den Bart so egalisieren, dass die Haarspitzen beider Seiten unter dem Kinn zusammengenommen werden können.

Rumpf: Die „Jacke“ soll natürlich fallen; also nur eventuell unordentlich wirkendes Haar vorsichtig entfernen.

Rute: Das verbliebene lange Haar soll füllig über den Rücken fallen. Also nichts schneiden!

Malteser

Auszüge aus dem Standard

Allgemeines Erscheinungsbild:	Ein sehr eleganter Hund. Kopf, Rumpf, Rute, Läufe von seidigen, weißen, glänzenden Haaren bedeckt. Widerristhöhe bei Rüden 21 bis 25 cm, bei Hündinnen 20 bis 23 cm.
Kopf:	Stopp kaum markiert, Hinterhaupt wenig betont, der Schädel ist flach. Die Wangenpartie ist fein gemeißelt und flach.
Ohren:	Hoch angesetzt, ziemlich nach vorn getragen und mit langen, feinen, nicht gewellten Haaren versehen, die mindestens bis zur Schulterblattspitze reichen.
Hals:	Obere Linie verläuft gebogen, wird aufrecht getragen und zeigt keine lose Haut.
Rumpf:	Rücken verläuft geradelinig, Brustkasten geräumig, Rippen nicht sehr stark gewölbt.
Rute:	In der Verlängerung der Kruppe angesetzt; dick an der Wurzel, dünn an der Spitze.
Läufe:	Vorderhand liegt gut am Körper, die Läufe stehen senkrecht. Hinterhand mit kräftigem Knochenbau.
Haarkleid:	Dicht, glänzend, schimmernd, schwer herabfallend und von seidiger Textur; am ganzen Körper lang und glatt, ohne Spuren von Locken oder Kräuselung. Keine Unterwolle.
Farben:	Reines Weiß; helle Elfenbeintönung ist zulässig.

Pflegeanweisung

Der Malteser wird gepflegt wie jeder langhaarige Hund, wobei er wegen seines langen, seidigen Fells und der fehlenden Unterwolle öfter als die meisten anderen Hunderassen gebadet werden kann und auch sollte. Um möglichst kein Haar unnötig zu verlieren, sollten nur die besten Shampoos und zusätzlich Spülungen und lezithinhaltige Packungen benutzt werden. Es gibt sogar ein spezielles Malteser- und Langhaarpflegeshampoo.
Damit das sehr lange Haar nicht verfilzt, werden Malteser möglichst jeden Tag gekämmt. Hierfür sollten nur weitzinkige Bürsten, Naturhaarbürsten und ein Kamm verwendet werden, um das Haar zu schonen.
Der besondere Touch eines Maltesers sind zwei Spangen, die etwa in Höhe des vorderen Ohransatzes auf dem Oberkopf befestigt werden.

Vor dem Bad

In der Regel wird das Fell eines Maltesers, besonders wenn er auch ausgestellt werden soll, weder geschoren noch getrimmt. Nur einige Kleinigkeiten sollten vor dem Bad erfolgen. Das Haar an der Afterregion mit der Schere kurz schneiden und beim Rüden den Penis mit dem 3-mm-Scherkopf sauber scheren. Die Pfoten zwischen den Ballen mit einer gebogenen Schere ausputzen. Den Ballenrand nachschneiden und über dem großen Ballen das Beinhaar etwas anschrägen.

Kleiner und Großer Münsterländer

Kleiner und Großer Münsterländer sind zwei verschiedene Rassen, die miteinander nicht näher verwandt sind als mit anderen Vorstehhundrassen. Dennoch sind ihr Körperbau und die Fellbeschaffenheit sehr ähnlich, sodass die Fellpflege bei beiden Rassen auf dieselbe Art erfolgt.

Aufgrund der Fellfarbe kann man den braun-weißen Kleinen Münsterländer leicht von dem schwarz-weißen Großen Münsterländer unterscheiden.

Auszüge aus dem Standard

Allgemeines Erscheinungsbild:	Der Kleine Münsterländer ist ein mittelgroßer, kräftiger Hund mit harmonischem Körperbau. Fließende Körperlinien mit flach getragener Rute. Seine Vorderläufe sind gut befedert, die Hinterläufe behost und die Rute zeigt eine ausgeprägte Fahne. Sein glänzendes Haar sollte glatt bis leicht gewellt, dicht und nicht zu lang sen. Widerristhöhe bei Rüden 54 cm, bei Hündinnen 52 cm, eine Abweichung von 2 cm nach oben oder unten wird toleriert. Der Große Münsterländer hat einen kräftigen, muskulösen Körperbau und eine trockene Außenlinie. Widerristhöhe bei Rüden 60 bis 65 cm, bei Hündinnen 58 bis 63 cm, eine Abweichung von 2 cm nach oben oder unten wird toleriert. Alle weiteren Merkmale sind bei beiden Rassen sehr ähnlich.
Kopf:	Edel und trocken mit genügend Stopp.
Ohren:	Hoch angesetzt und fest anliegend mit leicht gewellten Behängen.
Rumpf:	Hals leicht geschwungen, mittellang und sehr bemuskelt; die Brust tief und geräumig; die Rückenlinie ist gerade und fest.
Rute:	Soll in Höhe der Rückenlinie getragen werden, darf im letzten Drittel leicht nach oben gebogen sein.
Läufe:	Die Unterarme stehen sowohl von der Seite als auch von vorn gesehen senkrecht zum Boden. Hinterhand gut gewinkelt mit bemuskelter Keule. Starker Hintermittelfuß und geschlossene Pfote garantieren das vorzügliche Laufwerk.
Pfoten:	Rund und mit eng anliegenden Zehen.
Haarkleid:	Glatt und anliegend, bildet eine vollständige Fahne an der Rute. Eine zu stark gewellte oder zu buschige Behaarung ist fehlerhaft.
Farben:	Beim Großen Münsterländer Weiß mit schwarzen Platten und Tupfen, überwiegend schwarz geschimmelt. Beim Kleinen Münsterländer Braun-Weiß und Braunschimmel mit braunen Platten, Mantel oder Tupfen.

Pflegeanweisung

Kopf: Oberkopf und Vorgesicht mit dem Trimmmesser oder mit der Effilierschere von überflüssigem Haar befreien. Kopf und Vorgesicht sollen ganz glatt sein.

Rumpf: Das helle Haar der Rückenpartie leicht durchtrimmen oder effilieren, die dunklen Platten ganz glatt trimmen oder eventuell scheren. Dabei beachten, dass die Spitzen der hellen Haare nicht abgeschnitten aussehen, sondern „natürlich" über das kurze, dunkle Haar fallen.
Kehlpartie und Oberarm etwas kürzer effilieren. Das Haar soll von der Brustbeinspitze über die Vorbrust zum unteren Profil länger werden. Vom Unterbauch einen Übergang zur Unterbrust leicht ansteigend effilieren. Beim Rüden den Penis mit dem 3-mm-Scherkopf sauber scheren.

Läufe: Die Vorderläufe dreiseitig ganz glatt trimmen und die Fahnen an der Rückseite mit der Effilierschere kürzen. Das Haar am Gesäß sehr kürzen. Die Fahnen des Ober- und Unterschenkels der Hinterläufe bis zum Sprunggelenk mit der Effilierschere so kürzen, dass eine fast vertikale Linie geschaffen wird. Hintermittelfuß senkrecht zum Boden stehend kürzen.

Pfoten: Die Ballenränder umschneiden und auf der Oberseite des Fußes befindliches Haar mit der Effilierschere so kurz schneiden, dass die Pfoten geschlossen wirken.
Das Haar zwischen den Ballen entfernen.

Norfolk und Norwich Terrier

Lange Zeit wurden diese Hunde nur als Norwich Terrier mit Kipp- oder Stehohren bezeichnet. Erst 1964 wurden verschiedene Standards aufgestellt, sodass die kippohrigen Exemplare seitdem als Norfolk Terrier bezeichnet werden.

Auszüge aus dem Standard

Allgemeines Erscheinungsbild:	Der Norfolk und der Norwich Terrier gehören zu den „short legged“, also den kurzläufigen Terriern. Diese kleinen Terrier mit hartem, drahtigem Deckhaar und weichem Unterhaar unterscheiden sich im Wesentlichen durch die Ohrenhaltung. Der Norfolk hat die typischen Kippohren der Terrier, während der Norwich Terrier Stehohren hat. Ideale Widerristhöhe bei Rüden und Hündinnen 25 cm.
Kopf:	Breit und nur leicht gerundet, dabei guter Abstand zwischen den Ohren. Stopp deutlich ausgeprägt.
Ohren:	V-förmig und mittelgroß, an der Spitze leicht abgerundet. Beim Norfolk Terrier nach vorn fallend und gut an den Wangen anliegend.
Hals:	Kräftig und mittelang.
Rumpf:	Kompakt mit kurzem Rücken, gerade obere Linie und gut gewölbte Rippen.
Rute:	Von mäßiger Länge, am Ansatz dick, zur Spitze verjüngend.
Läufe:	Vorderläufe kurz, gerade und sauber umrissen. Hinterhand gut bemuskelt, Kniegelenke gut gewinkelt.
Pfoten:	Rund mit dicken Ballen.
Haarkleid:	Drahtig und gerade, dicht am Körper anliegend. Im Bereich von Hals und Schulter rauer und länger, am Kopf und an den Ohren kürzer und weicher. Übermäßiges Trimmen ist unerwünscht.
Farben:	Alle Schattierungen von Rot, Weizen, Schwarz mit Loh oder Grizzle (grau meliert).

Norwich Terrier (oben) und Norfolk Terrier (unten)

Pflegeanweisung

Diese beiden Rassen werden nur getrimmt.

Kopf: Oberkopf bis zum Hinterhauptstachel kurz trimmen (etwa 1 cm); von dort einen Übergang zum längeren Nacken schaffen. Die Wangenpartie etwas länger halten und für einen Übergang zum seitlichen Hals sorgen. Um den Ohransatz ein angedeutetes „Kränzchen" stehen lassen. Brauen, Vorgesicht und Bart nicht sehr lang halten. Ein flacher Oberkopf sorgt für einen leicht betonten Stopp. Vom Unterkiefer den Übergang zum Hals ohne Absatz schaffen.

Ohren: Innen und außen glatt trimmen, die Ränder den Konturen folgend glatt zupfen.

Rumpf: Decke, seitliche Brust und Flanke kurz trimmen. Taille nicht betonen, da der Hund kompakt wirken soll. Zur unteren Linie hin das Haar auslaufen lassen, sodass ein sauberer Übergang entsteht. Das Haar an Nacken, Hals sowie seitlicher und unterer Partie länger stehen lassen. Schulter halblang als Übergang zum kürzeren Haar der Decke trimmen. Vom Haar der Vor- und Unterbrust nur überstehende Spitzen entfernen, um die Brusttiefe zu betonen. Gesäß sehr kurz trimmen, eventuell effilieren, falls der Hund sehr empfindlich ist. Einen Übergang zur hinteren Linie der Läufe schaffen.

Läufe: Vorderläufe vorn und seitlich glatt trimmen, hinten fransig, jedoch säulenförmig im Ganzen halten. Bei den Hinterläufen die Oberschenkel seitlich flach halten, sodass keine „Pluderhosen" entstehen. Knie betonen, hinteres Profil soll nur leicht gewinkelt erscheinen (geschlossenes Gothic Window). Der Hintermittelfuß soll gleichmäßig rund und kompakt wirken.

Pfoten: Die Ballenränder umschneiden, Haare zwischen den Ballen entfernen und die Form der Pfote dem Hintermittelfuß anpassen. Bei den Vorderläufen darauf achten, dass die Pfote nicht „abgeknickt" wirkt.

Rute: Rund trimmen und auch das Rutenende abrunden.

Portugiesischer Wasserhund

Auszüge aus dem Standard

Allgemeines Erscheinungsbild:	Hund von mittleren Proportionen mit leicht konvexen bis geraden Profillinien. Kräftig und gut bemuskelt. Widerristhöhe bei Rüden 50 bis 57 cm, bei Hündinnen 43 bis 52 cm.
Kopf:	Groß und breit, gut proportioniert. Stopp gut ausgeprägt. Schädel von der Seite gesehen etwas länger als der Fang.
Ohren:	Höher als die Augenlinie angesetzt, am Kopf anliegend getragen; herzförmig und dünn.
Hals:	Gerade, kurz, rundlich, bemuskelt. Ohne Halskrause oder Wamme.
Rumpf:	Rückenlinie gerade. Kruppe gut geformt, leicht schräg abfallend. Brust breit und tief, nach unten bis zum Ellenbogen reichend. Rippen lang und gut gewölbt. Bauch elegant aufgezogen.
Läufe:	Kräftig, gerade und senkrecht gestellt. Gut bemuskelt.
Pfoten:	Rundlich und flach mit wenig gewölbten Zehen. Die Schwimmhäute erstrecken sich über die ganze Länge der Zehen und sind mit langem Haar versehen.
Rute:	Am Ansatz dick, gegen die Spitze zu dünner werdend. Mittelhoch angesetzt, nicht weiter als bis zum Sprunggelenk reichend.
Haarkleid:	Keine Unterwolle. Dichtes, widerstandsfähiges Deckhaar. Zwei Haarvarietäten: gewelltes Langhaar (leicht glänzend und von weicher Konsistenz) und kürzeres, gekräuseltes Haar (dicht, matt mit zylindrischen Strähnen). Aufrechter Haarschopf am Kopf bei beiden Varietäten.
Farben:	Schwarz oder Braun von verschiedenen Farbintensitäten oder einfarbig Weiß.

Bei dieser Rasse wird das Haar laut Standard in typischer Art und Weise geschoren (Löwenschur): die hintere Körperhälfte, der Fang und die Rute, wobei an der Spitze der Rute eine kleine Fahne belassen wird. Diese Schur entspricht der Schur beim Löwchen (siehe Seite 149ff.).

Pflegeanweisung

Vor dem Bad

Bürsten Sie das Fell gründlich durch, sodass keine Verknotungen mehr vorhanden sind. Scheren Sie die Pfotenunterseite mit einem 1-mm-Scherkopf aus, falls erforderlich zupfen Sie die Ohren gründlich aus und reinigen diese anschließend. Schneiden Sie die Krallen, wenn nötig.

Baden

Waschen Sie den Wasserhund zuerst mit einem Vorwaschshampoo gründlich, anschließend verwenden Sie ein Langhaarshampoo. Spülen Sie dies gründlich aus. Setzen Sie dem Hund ein Hoodie auf und fangen nun an zu blowen. Achten Sie dabei darauf, dass Sie an dem langen Haar nicht zu stark blowen, denn dies kann zu Verfilzungen führen.

Wenn der Hund zu 90 % am Körper trocken ist, fangen Sie an mit dem Standföhn den Hund zu föhnen und bürsten Sie währenddessen das Haar mit einer Drahtbürste mit langen Pins (z. B. Christ Christensen). Ist der Hund trocken, gehen Sie mit einem großen Kamm durch das Fell und prüfen, ob das Fell frei von Filz ist.

Nach dem Bad

Kopf: Das Gesicht kann mit einem 4F- oder 5F-Ansatz geschoren werden. Bitte achten Sie aber darauf, dass die Vibrissen weder gekürzt noch ganz abgeschoren werden (siehe § 6 Tierschutzgesetz). Von der Backe aus scheren Sie runter bis fünf Finger über dem Brustbein ein breites V. Schneiden Sie mit einer gebogenen Schere mit dem Bogen nach außen über den Augen nach oben eine Rundung, sodass die Augen ein wenig frei sind. Der Rest auf dem Kopf wird eingerundet.

Ohren: Die Ohren werden mit einer gebogenen Schere in eine leichte Herzform geschnitten.

Rumpf: Scheren Sie mit einem 1- bis 9-mm-Scherkopf, je nach Empfindlichkeit des Hundes. Beginnen Sie auf der Höhe der vorletzten Rippe des Hundes und scheren Sie von dort den kompletten hinteren Teil sowie die Hinterbeine des Hundes kurz. Am vorderen Teil des Hundes bleibt das Fell lang und wird nur in Form geschnitten. Dafür verwenden Sie einen großen, grobgezahnten Kamm und eine Modellierschere. Beginnen Sie an dem Übergang vom langen zum kurzen Haar und schaffen dort einen leichten Übergang mit der Modellierschere. Anschließend schneiden Sie den Rest der unteren Linie mit einer gebogenen Schere in einem leichten Bogen nach. Bringen Sie die Brust auch mit einer Modellierschere ein wenig in Form und dünnen leicht das Fell aus. Am restlichen Körper kann ebenfalls mit einer Modellierschere das Fell ausgedünnt werden. Schneiden Sie dabei von oben nach unten in einer kreisenden Bewegung.

Läufe: Die Vorderbeine werden mit einer geraden Schere zu einer Säule geschnitten beginnend ab der Schulter. Achten Sie darauf, mit der Schere von oben nach unten oder andersherum von unten nach oben zu schneiden. Die Schere sollte nicht waagerecht gehalten werden. Die Hinterbeine werden mit dem 1- bis 9-mm-Aufsatz komplett kurz geschoren.

Pfoten: Die Vorderpfoten werden mit einer gebogenen Schere rund zu Bärchenpfoten geschnitten, die Hinterpfoten werden mit einer kleinen Pfotenschere umrandet, da sie kurz geschoren sind.

Rute: Die Rute wird bis zum untersten Drittel kurz geschoren. Der Rest, der stehen bleibt, sollte natürlich aussehen.

Pudel

Auszüge aus dem Standard

Allgemeines Erscheinungsbild:	Lebhafter, harmonisch gebauter Hund. Macht einen eleganten und stolzen Eindruck. Sein Gang ist tänzelnd und leicht, darf nie gestreckt und gleitend sein. Pudel gibt es in vier verschiedenen Größen: - Großpudel über 45 cm bis 60 cm mit Toleranz von 2 cm - Kleinpudel über 35 cm bis 45 cm - Zwergpudel über 28 cm bis 35 cm - Toypudel über 24 cm bis 28 cm Bei allen Größen muss die geschlechtsspezifische Prägung sichtbar sein.
Kopf:	Edel, geradlinig; schmale Wangenpartie; die Nase mit geradliniger oberer Profillinie. Schwach ausgeprägter Stopp. Schädel gut geformt mit betontem Hinterhauptstachel.
Ohren:	Flach anliegend, in Höhe des äußeren Augenwinkels angesetzt und sich zum Rand hin verbreiternd; mit langen, gewellten Haaren besetzt.
Hals:	Fest, leicht gebogen im Nacken, gut proportioniert ohne Wamme. Der Kopf muss hoch und stolz getragen werden.
Rumpf:	Der Gesamteindruck ist der eines gut proportionierten Hundes. Er soll im Idealfall quadratisch erscheinen. Der kurze Rücken bildet eine harmonische Linie. Lenden kräftig und bemuskelt. Unterbauch aufgezogen. Brustkorb bis auf Ellenbogenlänge gesenkt; der äußerste Punkt des Brustbeins muss leicht hervorstehend und ziemlich hoch angesetzt sein. Kruppe abgerundet.
Läufe:	Schulter schräg und bemuskelt. Die Oberarmlänge entspricht der Schulterlänge. Die Unterarme sind perfekt gerade, bemuskelt und mit guten Knochen. Die Vorderfußwurzel folgt der vorderen Linie des Unterarms. Vordermittelfuß im Profil gesehen fast gerade. Die Keulen der Hinterhand bemuskelt und robust. Läufe parallel, gut gewinkelt. Hintermittelfuß senkrecht gestellt.
Pfoten:	Eher klein, geschlossen und von kurzer Ovalform. Die Zehen sind gut gewölbt.

Auszüge aus dem Standard

Rute:	Hoch angesetzt, idealerweise „10 nach 9“ im Vergleich zur Rückenlinie getragen.
Haarkleid:	Reichliches Haar von feiner, wolliger, elastischer und dem Druck der Hand widerstehender Struktur. Die Wolle soll von gleichmäßiger Länge sein und gleichmäßige Locken bilden.
Farben:	Einfarbig: Schwarz, Weiß, Braun, Grau, Falbfarben (von hell über rötlich bis Apricot); jegliche weiße Abzeichen sind unerwünscht. Zweifarbig: Schwarz-Weiß, Grau-Weiß, Falbfarben-Weiß, Braun-Weiß. Brauner oder schwarzer Mantel mit weißen Abzeichen an Beinen, Brust und manchmal auch an Kopf und Rute. Braun oder Schwarz mit falbfarbenen Abzeichen. Dreifarbig: Schwarz, Weiß und falbfarbene Abzeichen mindestens an den Augenbrauen und um die Geschlechtsteile. Andere Farben: Gescheckt, Gescheckt mit Weiß.

Die verschiedenen Schurarten

Bezeichnung	Kennzeichnen der Schur
Modeschur (siehe Foto S. 167 oben)	Die Modeschur ist die meist genutzte Schur, die auch im privaten Hausgebrauch gut zu pflegen ist. Bei dieser Schur hat der Pudel lange Haare an den Ohren und einen Puschel an der Rute. Mit dieser Schur darf auch ausgestellt werden. Der Körper sieht ähnlich aus wie beim Puppy Clip, jedoch ist die Weste um einiges kürzer und der Hund hat keinen Top-Knot, sondern eine Krone und einen Nackenanstieg. Das Hinterteil hat einen leicht eckigen oder auch runden Spoiler, dies wird je nach Körperbau des Hundes entschieden.

Bezeichnung	Kennzeichnen der Schur
Continental Clip (siehe Foto S. 168 links)	Der Continental Clip ist eine beliebte Austellungschur, jedoch wird sie im privaten Gebrauch eher selten genutzt, da sie sehr aufwändig zu pflegen ist. Bei diesem Schnitt hat der Hund einen Top-Knot, der zu Hause alle zwei Tage eingezöpfelt werden muss. Der Hund hat an den Beinen Puschel, die in Olivenform geschnitten werden. Außerdem hat der Hund auf dem hinteren Teil zwei sogenannte Pompons stehen, die rund geschnitten werden. Um diese Pompons herum wird alles kurz geschoren genauso wie die Hinterbeine und ein Teil der Vorderbeine bis hin zum Puschel an den Beinen. Der vordere Teil des Hundes hat eine große Weste wie beim Puppy Clip. Diese Schur wurde früher bei Hunden für die Entenjagd verwendet, für die der Pudel ursprünglich gezüchtet wurde. Die Weste hat den Hund über Wasser gehalten und hat das Herz und die Lunge geschützt. Die Pompons dienten als Nieren Schutz. Das kurze Fell am Hinterteil und den Beinen haben den Hund leicht gemacht, sodass er gut paddeln konnte und der hintere Teil im Wasser war.
Puppy Clip (siehe Foto S. 167 unten)	Der Puppy Clip wird sehr gern bei jungen Hunden geschnitten, jedoch haben diesen Schnitt auch viele Ausstellungshunde. Bei diesem Schnitt hat der Hund ein Top-Knot, der zu Hause alle zwei Tage gezöpfelt werden muss, und sehr viel Nackenhaar. Der vordere Teil des Hundes hat eine große Weste, der hintere Teil ist kürzer geschnitten. Das Hinterteil hat einen leicht eckigen oder auch runden Spoiler, dies wird je nach Körperbau des Hundes entschieden.
Saddle Clip	Der Saddle Clip ist eine sehr spezielle Schur, die nur noch selten genutzt wird. Der vordere Teil des Hundes ist identisch wie beim Continental Clip, der hintere Teil ist wie bei einem Puppy Clip, nur mit dem Unterschied, dass das Bein zwei Rillen geschoren bekommt. Die erste liegt auf gleicher Höhe wie der Puschel am Vorderbein, die zweite Rille ist auf der Höhe des Ellenbogens des Vorderbeins. Dieser Schnitt ist auf Ausstellungen auch zugelassen.

Bezeichnung	Kennzeichnen der Schur
Standardschur	Es gibt nicht nur eine Standardschur. Mode Schur, Puppy Clip, Continental Clip und Saddle Clip sind alles Standardschuren und zulässig auf Ausstellungen.
T-Clip (Terrier Clip)	Der Terrier Clip ist ein sehr sportlicher Schnitt, der immer mehr vorkommt und mittlerweile auch auf den Ausstellungen zugelassen ist. Vom Schnitt ist es fast das Gleiche wie die Modeschur, nur mit dem Unterschied, dass die Ohren und die Rute kurz geschoren werden. Dies kann mit einem 2- bis 13-mm-Scherkopf erfolgen, je nach Geschmack des Besitzers.
Miami Clip	Der Miami Clip ist ein sehr sportlicher, pflegeleichter Schnitt, der sehr gut für den Sommer geeignet ist. Der Körper wird ganz kurz geschoren mit einem 4- bis 9-mm-Scherkopf. An den Beinen bleiben Puschel stehen, die in Form einer Olive geschnitten werden. An der Rute bleibt ebenfalls ein Puschel stehen, der rund geschnitten wird. Die Krone wird ganz normal wie bei einer Modeschur geschnitten, nur etwas kürzer, sodass es zum Rest des Hundes passt. Diese Schur ist auf einer Ausstellung nicht zugelassen.
Bärchenschur	Die Bärchenschur wird heutzutage sehr oft genutzt, da viele Besitzer, die einen Pudel haben, nicht wollen, dass er aussieht wie ein Pudel. Dafür wird der Hund mit einem 6- bis 16-mm-Scherkopf am Körper geschoren. An den Beinen bleibt das Fell ein wenig dicker. Sie können auch mit einem Snap-on-Aufsatz geschoren werden. Das Fell sollte hier immer 1 bis 3 mm länger sein als am Körper. Der Kopf wird, wie der Name schon sagt, zu einem Bärchenkopf. Dieser sollte schön rund und voluminös sein. Diese Schur ist auf einer Ausstellung nicht zugelassen.
Teddyschur	Bärchen und Teddyschur sind identisch.
Löwenschur	Löwenschur würde früher der Continetal Clip genannt.
Englische Schur	Englische Schur wurde früher der Saddle Clip genannt
Terrier-Schur	Ist das Gleiche wie der T-Clip. T-Clip ist die Abkürzung für Terrier Clip.

Achtung!
Die Fotos der drei hier gezeigten Schurarten sind entstanden, als das Entfernen der Vibrissen noch nicht verboten war. Heute müssen die Haare um den Fang erhalten bleiben (siehe rechtes Bild).

Allgemeine Pflegeanweisung

Mit diesen Schuranweisungen gebe ich Ihnen grundsätzliche Richtlinien für die Modeschur, die ganz leicht auch zu einem Bärchenschnitt oder T-Clip umgeändert werden kann. Da es beim „Styling“ des Pudels ungeahnte Variationsmöglichkeiten gibt und die Beschreibung der Ausstellungschuren den Rahmen hier sprengen würden, gehen wir von der „normalen pflegeleichten Pudelschur“, der Modeschur für den täglichen privaten Gebrauch, aus. Dennoch gibt es beim Pudel einige grundlegende Bestimmungen, die für jede Art von Schur gelten. Diese betreffen die Vorbereitungsarbeiten.

Vor dem Bad

Um einen sauberen Schnitt erreichen zu können, muss der Hund perfekt vorbereitet werden. Entfernen Sie vorsichtig eventuelle Knoten mit einer Drahtbürste, größere Filzknoten mit einem Entfilzer wie z. B. Mat Zapper oder einem Mat Breaker. Schneiden Sie vor dem Baden, wenn nötig, die Krallen. Die Ohren im Gehörgang mithilfe von einem Ohrpuder zupfen und anschließend mit einem Ohrreiniger und einem Wattepad reinigen. Sind die Pfoten sauber, können diese vor dem Baden mit einem 1-mm-Scherkopf komplett unten und oben bis zum Zehenanfang gegen die Wuchsrichtung ausgeschoren werden.

Dabei besonders auf die Schwimmhäute aufpassen. Es dürfen keine Zipfel mehr abstehen. Zwischendurch immer wieder den Scherkopf auf Hitze kontrollieren und gegebenenfalls mit Kühlspray besprühen. Wechseln Sie nun auf einen 2-mm-Scherkopf und scheren das Geschlechtsteil (beim Rüden auch etwas davor) und um den After. Unten am Bauch bis zum Tuck-Up und die Rute je nach Länge etwa zwei bis drei Finger vom Rutenansatz an freischeren.

> ***Hinweis***
> *Für alle Show-Clips wie Puppy-Clip, Continental-Clip und Saddle-Clip ist der Top-Knot, ein Zusammenbinden mit einem oder mehreren Gummis der Haare auf dem Kopf, vorgeschrieben.*

Baden

Zum Baden verwenden Sie ein tiefenreinigendes Vorwaschshampoo und danach ein Volumenshampoo. Keine Spülung benutzen, da die Haare sonst zu weich und schwer werden.
Verwenden Sie als Gehörschutz beim Blowen ein Hoodie. Ist der Hund zu 90% trocken geföhnt, können Sie mit dem Stand- oder Handföhn die Haare ganz glatt föhnen. Dies bedeutet, dass die warme Luft des Föhns immer genau da ankommen sollte, wo Sie bürsten möchten. Es ist wichtig, das Haar bis zur Wurzel zu trocknen und die Locken unter ständigem Bürsten zu glätten.

Nach dem Bad

Rumpf: Verwenden Sie je nach Fellbeschaffenheit und Jahreszeit einen Scherkopf zwischen 5 und 10 mm Länge. Beginnen Sie zwischen den Schulterblättern am Halsende und scheren eine Bahn in der Mitte bis hin zum Rutenansatz. Eine zweite Bahn je rechts und links der ersten mittigen Bahn seitlich am Rutenansatz vorbei bis zu dem Punkt am Hinterbein, wo sich das Knie winkelt. Scheren Sie nun eine Scherkopfbreite nach dem letzten Rippenbogen von oben nach unten in den Tuck-Up rein. Den Rest des Rumpfes an der breitesten Stelle auslaufen lassen, ebenso an den Schulterblättern ins Bein und am Hinterbein vorsichtig ins Bein. Achtung, bitte keine Pluderhosen oder Flügel stehen lassen!

Beine:

Arbeit mit der Schere: Schaffen Sie einen Übergang mit der gebogenen Schere am Hinterbein und an der Hinterhandwinkelung. Am Hinterfuß sollte ein 45°-Winkel vom Ballen zum Sprunggelenk geschnitten werden und mit dem Rest des Beins abgerundet werden. Vorderbein sowie Hinterbein außen und innen können Sie mit der geraden Schere entsprechend einkürzen. Das Hinterbein sollte von hinten optisch wie ein A aussehen, oben etwas schmäler und unten etwas weiter ausstehend.

Arbeit mit der Maschine:
Einfacher und schneller geht es mit der Maschine. Hierbei verwenden Sie einen Snap-on-Aufsatz nach Wahl zwischen 16 und 25 mm und scheren damit die Beine gleichmäßig runter. Achten Sie darauf, dass der Aufsteckkamm nicht an dem Sprunggelenk hinten hängen bleibt. Dies könnte den Hund verletzen. Über den Pfoten die Beine abrunden und wie bei der Arbeit mit der Schere einen 45°-Winkel am Hinterbein zwischen Ballen und Sprunggelenk stehen lassen.

Untere Linie: Vom Tuck-Up aus mit der gebogenen Schere den Brustkorb abrunden. Die Brusttiefe sollte deutlich herausgearbeitet werden.
Rute: Kämmen Sie die Haare Richtung Rutenende. Vergewissern Sie sich, wo die Rute endet und drehen den Rest der überstehenden Haare ein. Nehmen Sie nun die gerade Schere und öffnen diese ganz weit, um die Haare langsam in einem Schnitt abzuschneiden. Hierbei drehen sich die Haare und es entsteht ein schöner, abgerundeter Rutenabschluss. Nun halten Sie die Rute am Ende fest und kämmen alle Haare Richtung Ansatz und schneiden mit der gebogenen Schere einen schönen Pompon.
Kopf: Nehmen Sie das Ohr nach vorn zum Fang und drücken den Kopf nach hinten, damit der Nacken gerade wird. Kämmen Sie die Krone nochmals von vorn nach hinten mit dem Kamm auf. Schneiden Sie nun hinten und seitlich an Nacken und Hals (unterm Ohr) mit der gebogenen Schere gerade hoch. Achtung, nicht zu viel am Hinterhauptstachel wegschneiden! Es muss eine ganz gerade Linie nach oben entstehen. Lassen Sie nun die Ohren hängen.
Die Schere senkrecht an der Wange anlegen und bis zum Ohransatz das Haar der Haube gerade abschneiden (obere Linie noch nicht berühren). In waagerechter Linie über das Ohr hinweg nach hinten schneiden. Dabei die Schere auf dem Ohrknorpel auflegen. Die andere Seite ebenso herausarbeiten.
Machen Sie diese Schritte auf jeder Seite. Danach den Fang festhalten und alle Haare einmal zu jeder Kopfseite kämmen und mit der Schere abrunden. Zur Kontrolle kann man nochmals mit dem Kamm von vorn nach hinten aufkämmen, um restliche Haare abzuschneiden.
Bei Hunden mit wenig Kopfbehaarung empfiehlt es sich, die Krone etwas kürzer und schmäler zu schneiden, um mehr Stand zu bekommen.
Wenn man denkt, der Kopf sei fertig, sollte der Hund sich noch einmal schütteln. Danach sieht man, ob die Haube gut „steht" oder ob man noch etwas nachschneiden muss.
Ohren: Normalerweise werden bei der Modeschur an den Ohren nur die Spitzen geschnitten.

Puli

Auszüge aus dem Standard

Allgemeines Erscheinungsbild:	Von mittelgroßer Statur, munter, beweglich, anspruchslos. Von fester Konstitution, feinem Gerippe, doch sehnig und bemuskelt in allen Körperpartien. Rumpf und Gliedmaßen bilden ein Quadrat. Es ist schwer, die einzelnen Körperformen an und für sich zu betrachten, da der ganze Körper von einem zum Verfilzen neigenden, eng gewellten, reichlichen, aus langen Haaren bestehendem Fell bedeckt ist. Die Augen werden durch die langen Haare wie von einem Schirm beschattet, wodurch der Kopf kugelrund erscheint. Die lange Rute wird über dem Rücken geringelt getragen, wodurch der Rücken gegen die Kruppe zu steigen scheint. Die Umrisse des Rumpfes sind durch bloße Betrachtung kaum festzustellen, ebenso sind die einzelnen Bestandteile der Gliedmaßen nicht zu unterscheiden. Widerristhöhe bei Rüden 39 bis 45 cm, bei Hündinnen 36 bis 42 cm.
Kopf:	Im Ganzen fein und klein. Von vorn gesehen sieht er rund, von der Seite elliptisch aus. Befühlt erscheint der Schädel rund, der Fang kürzer; er macht 35 Prozent der Kopflänge aus. Augenbogen gut ausgeprägt. Etwas betonter Stopp.
Ohren:	Mittelhoch angesetzt, haben die Form eines breiten, unten abgerundeten V.
Hals:	In einem Winkel von 45° zur waagerechten Rückenlinie getragen, mittellang, fest, bemuskelt.

Auszüge aus dem Standard

Haarkleid:	Das Fell besteht aus gröberem Deckhaar und feinerem Unterhaar. Seine Beschaffenheit wird durch das Verhältnis der beiden Haararten bestimmt. Zu viel Deckhaar mit zu wenig Unterwolle ergibt ein „offenes" Fell. Viel Wollhaar mit zu wenig Deckhaar bringt übertriebene Verfilzung zu knotigen Brettern, sogenannten „Speckseiten" mit sich. Das richtige Verhältnis beider Haararten produziert die erwünschte „Puszta-Behaarung", das heißt lange, schmale Filzplatten. Das „Schnürenfell" entsteht, wenn die Wollhaare ganz gleichmäßig eng gewellt sind. Diese Zotten verfilzen nur in geringem Maße, sie bilden lange, gleichstark ablaufende Schnüre. Die Behaarung ist an der Kruppe, den Lenden und Keulen am längsten (20 bis 30 cm), am kürzesten am Kopf und an den Gliedmaßen (10 bis 12 cm).
Farben:	Schwarz, Schwarz mit geringen rostroten oder grauen Nuancen; Falbfarben mit schwarzer Maske; Grau in jeder Schattierung; Perlweiß.

Pflegeanweisung

Im Alter vom 3. bis etwa zum 8. Monat trägt der Puli seine Junghundbehaarung. Dann besteht die Pflege darin, das Fell ein- bis zweimal pro Woche leicht überzubürsten. Eine eventuell schon vorhandene Zottenbildung sollte hierbei jedoch nicht zerstört werden. Das Haar um die Afterregion und den Penis sollte regelmäßig kurz geschnitten werden. Ab dem 9. Monat ist es notwendig, die Zottenbildung zu unterstützen. Hierfür wird das Haar an Stellen, wo es stark filzt, zu 1,5 bis 2 cm dicken Zotten auseinandergezupft. Dafür teilt man die dicken, breiten Zotten an den Spitzen und reißt sie vorsichtig bis zur Haut auf. Sind die Zotten erst einmal angelegt, sollten diese im zwei- bis dreiwöchigen Rhythmus immer wieder bis hin zur Haut vorsichtig aufgezogen werden. Wartet man hier zu lange, entsteht eine Filzschicht über der Haut.

Baden

Das Haar des Pulis wird so vorsichtig gewaschen wie ein Wollpullover. Das Einseifen und Ausspülen muss so oft wiederholt werden, bis keine Schmutzreste mehr vorhanden sind. Für die letzte Spülung eine Tasse Essig auf 10 Liter warmes Wasser geben, danach noch eine mit Wasser verdünnte Cremespülung etwa 10 Minuten einwirken lassen und dann gründlich ausspülen. Zum Trocknen das Haar zuerst nur ausdrücken und dann mit (vielen!) Handtüchern trocken tupfen. Nicht rubbeln!

Nach dem Bad

Anschließend die Pfoten zwischen den Ballen ausputzen. Totes Haar aus dem vorderen Gehörgang unbedingt entfernen.

Russischer Schwarzer Terrier

Auszüge aus dem Standard

Allgemeines Erscheinungsbild:	Kräftiger Hund von überdurchschnittlicher Größe mit mächtigem Knochenbau und massiver Muskulatur. Widerristhöhe bei Rüden 72 bis 76 cm, bei Hündinnen 68 bis 72 cm; eine Abweichung von 2 cm nach oben oder unten wird toleriert.
Kopf:	Lang, mäßig schmal, die Stirn ist flach, der Stopp ist erkennbar, aber nicht zu sehr ausgeprägt. Das Vorgesicht ist kräftig und verjüngt sich leicht nach vorn hin. Der Schnurrbart und der Bart geben dem Fang ein stumpfes, viereckiges Aussehen.
Ohren:	Hoch angesetzt, klein und dreieckig.
Rumpf:	Hals lang, massiv, trocken. Brustkorb geräumig, tief, gut gewölbt, bis zu den Ellenbogen oder noch etwas tiefer reichend. Bauch von der unteren Begrenzungslinie des Brustkorbs nach hinten ansteigend.
Rute:	Hoch angesetzt und kräftig.
Läufe:	Gerade und kräftig, parallel zueinander.
Pfoten:	Groß, kräftig, rund, mit gut gepolsterten Ballen.
Haarkleid:	Hartes, dichtes, eng anliegendes Rauhaar zusammengesetzt von einem harschen, dichten, etwas welligen Oberhaar und einem weichen, kurzen, dichten Unterhaar. Das gebrochen wirkende Haar in der Länge von 5 bis 15 cm bedeckt den ganzen Körper. Auf dem Vorgesicht an der oberen Lefze bildet es einen rauen, bürstenähnlichen Schnurrbart, am Unterkiefer einen Bart. Die Augenbrauen sind rau und struppig. Das längere Haar am Hals und am Widerrist bildet eine Mähne.
Farben:	Schwarz; Schwarz mit unwesentlich vermischtem grauen Haar ist zulässig.

Pflegeanweisung

Vor dem Bad

Kopf: Den Oberkopf kurz trimmen oder mit einem 3- oder 5-mm-Scherkopf scheren. Von dort die Haare der Wangenpartie ohne Absatz etwas länger werden lassen, sodass der Übergang zum längeren Haar des Halses und zur Mähne am Widerrist geschaffen wird.

Rumpf: Vom Widerrist angefangen Schulter und Vorbrust kürzer trimmen. Die Decke, je nach Beschaffenheit des Haares und dem Wunsch des Besitzers, auf 4 bis 10 cm kürzen. Übergänge zu den Läufen schaffen. Die Afterregion und beim Rüden den Unterbauch mit dem 3-mm-Scherkopf scheren.

Nach dem Bad

Nach dem Bad sollte das Erscheinungsbild des Russischen Schwarzen Terriers dem eines „gepflegt-ungepflegten" Hundes entsprechen.
Das überstehende Haar wird noch einmal nachgetrimmt, dabei eventuell mit der Effilierschere arbeiten. Das Haar der unteren Linie mit der Effilierschere in einer ansteigenden Linie von der tiefen Unterbrust zum aufgezogenen Bauch von überflüssigen Strähnen befreien.

Kopf: Brauen nach vorn kämmen und mit der Effilierschere keilförmig schneiden, am äußeren Augenwinkel kürzer, vom inneren in den Bart übergehend. Vom Bart gerade so viel abnehmen, dass die rechteckige Form des Terrierkopfes nur angedeutet ist.

Läufe: Die Haare an den Vorderläufen nur so weit kürzen, dass diese säulenförmig senkrecht zum Boden stehen. Den Übergang zu den Hinterläufen von der Decke länger werden lassen, um den starken Oberschenkel zu betonen, dabei sollen aber keine „Pluderhosen“ entstehen. Winkelung bis zum Sprunggelenk in Form bringen, Knie betonen. Der Hintermittelfuß soll dick, rund und senkrecht zum Boden stehend wirken.

Pfoten: Mit der gebogenen Schere um den Ballen herum schneiden und zwischen den Ballen ausputzen. Um die Pfote kurz erscheinen zu lassen, vorn über den Krallen senkrecht hoch schneiden und die Länge dem Beinhaar anpassen.

Schnauzer

Schnauzer gibt es in drei Größenordnungen – Zwergschnauzer, Mittelschnauzer und Riesenschnauzer –, die jeweils als eigene Rasse gelten. Da die Fellbeschaffenheit und Haarpflege bei allen sehr ähnlich sind, gelten die beschriebenen Pflegeanweisungen für alle drei Rassen. Im Regelfall sollte ein Schnauzer getrimmt werden. Hier finden Sie die Beschreibung zum Trimmen und Scheren.

Auszüge aus dem Standard

Allgemeines Erscheinungsbild:	▪ Riesenschnauzer: Groß, kräftig, eher gedrungen als schlank, rauhaarig; das vergrößerte, kraftvolle Abbild des Schnauzers. Widerristhöhe bei Rüden und Hündinnen 60 bis 70 cm. ▪ Schnauzer (Mittelschnauzer): Mittelgroß, kräftig, eher gedrungen als schlank, rauhaarig. Widerristhöhe bei Rüden und Hündinnen 45 bis 50 cm. ▪ Zwergschnauzer: Klein, kräftig, eher gedrungen als schlank, rauhaarig, elegant; das verkleinerte Abbild des Schnauzers, ohne die Mängel zwerghafter Erscheinungen. Widerristhöhe bei Rüden und Hündinnen 30 bis 35 cm.
Kopf:	Lang gestreckt, von den Ohren bis zu den Augen und von diesen bis zur Nasenspitze allmählich schmaler werdend, zur Gesamterscheinung passend. Nasenrücken gerade und zur Verlängerung des flachen, faltenlosen Oberkopfes parallel verlaufend. Der Stopp ist gering. Die Backen sind flach bemuskelt. Die Nasenkuppe ist breit, schwammig und schwarz. Die Lippen liegen fest an. Kräftiger Fang.
Ohren:	Klappohren, hoch angesetzt, V-förmig, die Ohrinnenkanten an den Wangen anliegend und gleichmäßig getragen, nach vorn in Richtung Schläfe gedreht, wobei die parallele Faltung den Oberkopf nicht überragen soll.
Hals:	Nicht zu kurz, mit anliegender Kehlhaut (trocken). Nacken kräftig und leicht gewölbt.

Auszüge aus dem Standard	
Rumpf:	Wuchtig, mit kurzem, festem Rücken und leicht nach hinten abfallender Oberlinie, die in die leicht gerundete Kruppe mit der hoch angesetzten Rute ausläuft. Die Gesamtlänge des Rumpfes entspricht etwa der Widerristhöhe. Die Vorbrust ist ausgeprägt, der Brustquerschnitt oval. Die Brust reicht bis in die Höhe der Ellenbogen und geht leicht ansteigend in den mäßig aufgezogenen Bauch über.
Rute:	Die hoch angesetzte Rute wird in der Regel aufrecht getragen (Säbelrute).
Läufe:	Die Schultern sind schräg gestellt; flach, aber sehr bemuskelt. Die Vorderläufe (Ober- und Unterarm) stehen von allen Seiten gesehen senkrecht. Die Keulen der Hinterläufe sind schräg gestellt; flach, aber kräftig und bemuskelt. Der Oberschenkel verläuft zunächst senkrecht bis zum Knie, vom Knie bis zum Sprunggelenk mit der Verlängerung der oberen Halslinie etwa gleichlaufend, vom Sprunggelenk etwa senkrecht bis zum Boden.
Pfoten:	Kurz, rundlich geschlossen, mit gewölbten Zehen (Katzenpfoten), dunklen Nägeln und harten Sohlen.
Haarkleid:	Das Haar soll drahtig, hart und dicht sein. Es besteht aus einer dichten Unterwolle und dem keineswegs zu kurzen, harten, dem Körper gut anliegenden Deckhaar. Das Deckhaar ist rau, weder struppig noch gewellt. Als typisches Kennzeichen bildet es am Fang den nicht zu weichen Bart und die buschigen Brauen, die die Augen leicht überschatten.
Farben:	Schwarz und Pfeffer-Salz; beim Zwergschnauzer auch Schwarz-Silber und Weiß.

Pflegeanweisung

Wenn der Hund für eine Zuchtschau vorbereitet werden soll, muss das etwa vier Wochen vor dem Termin geschehen. Beim Schnauzer ist es zweckmäßig, die mit der Maschine zu scherenden Körperpartien vor denen zu bearbeiten, die getrimmt werden.

Vor dem Bad

Kopf: Hinter den Augenbrauen beginnend bis zum Hinterhauptstachel trimmen oder mit einem 3- oder 5-mm-Scherkopf scheren. Das Haar muss so lang sein, dass der Richter „die Struktur des Haares prüfen kann". Vom unteren Ohransatz bis zu den äußeren Augenwinkeln mit derselben Scherkopfgröße scheren, ebenso vom Kehlkopf bis zum Beginn des Bartes, dessen Grenzlinie vom äußeren Augenwinkel diagonal bis etwa zum inneren Augenwinkel verläuft.
Das Dach (Spinne) geht bis mindestens zur Nase.

Ohren: Mit dem 2-mm-Scherkopf innen und außen scheren. Dabei auf die doppelte Ohrfalte achten. Ohrränder mit der Pfotenschere sauber umranden.

Rumpf: Vom unteren Ohransatz über Unterseite Hals und Vorbrust bis in Höhe des Ellenbogens sehr kurz trimmen oder – wenn das Haar sehr weich ist – mit einem 3- oder 5-mm-Scherkopf scheren. Am schwarzen Schnauzer sollte man vorher die Stärke des Unterhaares prüfen und wenn es nicht so dicht ist, diesen Teil lieber mit der Effilierschere kürzen. Es sieht hässlich aus, wenn man durch das Haar die Haut sehen kann.
Die Innenseite des Unter- und Oberschenkels sowie das Gothic Window und den Unterbauch mit einem 3- oder 5-mm-Scherkopf scheren.
Alle übrigen Partien vom Hinterhauptstachel angefangen sowie die Ober- und Unterschenkel werden mit dem Trimmmesser bearbeitet, der Hals ohne Absatz vom Oberkopf zum Widerrist. Den Nacken leicht betonen, da eine gewölbte Nackenlinie gewünscht ist. Rumpf gleichmäßig kurz scheren und die nach hinten leicht abfallende Oberlinie und die gerundete Kruppe betonen.

Untere Linie: Den Tuck-Up unter den letzten Rippenbogen setzen und rund schneiden. Vom höchsten Punkt aus schräg in Richtung Brust schneiden und in der Brustfahne enden.

Rute: Trimmen oder in gleicher Länge wie die Decke scheren.

Läufe: Ober- und Unterschenkel sehr kurz trimmen, damit die Muskulatur sichtbar wird.

Nach dem Bad

Alle vorbereiteten Partien nacharbeiten. Die geschorenen Bereiche nachscheren, von den getrimmten Stellen das überstehende Haar mit dem feinen Trimmmesser oder mit der Effilierschere entfernen.

Kopf: Übergang von der Wangenpartie zum Bart mit dem Trimmmesser oder der Effilierschere schaffen. Die Augenbrauen vom äußeren Augenwinkel angefangen (das Auge soll zur Seite hin frei sein) wie ein Dreieck schneiden, dessen Spitze bis zur Nasenkuppe reichen sollte.

Läufe: Die Vorderläufe sollen senkrecht zum Boden stehen, das heißt, vorn und seitlich kurz schneiden bzw. trimmen. Die Fahnen an der Rückseite dürfen etwas länger sein, müssen aber auch eine vertikale Linie zeigen.
Bei Hunden des „Amerikanischen Typs“, die mehr und weicheres Haar an den Läufen aufweisen, wird das Haar in senkrechter Linie geschnitten.

Bei den Hinterläufen kann das Knie, also die Winkelung, betont werden, indem man dort das Haar etwas länger stehen lässt. Das rückwärtige Profil bis zum Sprunggelenk ganz kurz schneiden oder scheren, aber dabei beachten, dass die getrimmte Außenseite der Schenkel ohne Absatz in den geschorenen Bereich übergeht. Hintermittelfuß senkrecht zum Boden stehend der Länge des Haares der Vorderläufe anpassen.

> ***Hinweis***
>
> *Scheren kann man – wenn der Besitzer es wünscht – einen schwarzen Schnauzer ohne Bedenken mit einem 5- bis 7-mm-Scherkopf, beim Pfeffer-Salz-Farbenen ist jedoch darüber aufzuklären, dass sich die Struktur des Haarkleides total verändern wird und die rassetypische Pfeffer-Salz-Zeichnung verloren geht.*

Dem persönlichen Geschmack des Besitzers bleibt es überlassen, ob das Haar der Vorderläufe und das des Hintermittelfußes etwas länger oder sportlich kurz gehalten werden soll.

Pfoten: Sie werden der Fußform nachgeschnitten, die Krallen dürfen sichtbar sein. So kommt man der gewünschten Zehenwölbung, der „Katzenpfote“, am nächsten.

Scottish Terrier

Auszüge aus dem Standard

Allgemeines Erscheinungsbild:	Untersetzter Hund, von seiner Größe für die Bauarbeit geeignet. Kurzläufig, aufmerksame Haltung, viel Kraft und Behändigkeit trotz seiner geringen Maße. Widerristhöhe bei Rüden und Hündinnen 25 bis 28 cm.
Kopf:	Langer Kopf mit flacher Schädeldecke und kräftigem, breitem Fang. Geringer Stirnabsatz.
Ohren:	Aufrecht getragen und spitz.
Hals:	Kräftig und gemäßigt lang.
Rumpf:	Genügend langer, kräftiger Hals, tief stehender, breit gebauter, bemuskelter Körper. Tiefe, breite Brust, wohl gerundete Rippen. Rücken eben und von mäßiger Länge.
Rute:	Hoch angesetzt und aufrecht getragen.
Läufe:	Gerade Vorderläufe und gut gewinkelte starke Hinterhand.
Pfoten:	Groß und rund mit gut gepolsterten Ballen.
Haarkleid:	Doppelte Behaarung aus dichtem, hartem Deckhaar und weicher, kurzer, dichter Unterwolle.
Farben:	Schwarz, Weizenfarben oder Gestromt in jeder Schattierung.

Pflegeanweisung

Vor dem Bad

Zu scheren wie folgt:

Kopf: Den Oberkopf von den Brauen bis zum vorderen Ohransatz mit einem 7F-Scherkopf (3 bis 4 mm) scheren.

Wangen und Unterkiefer gegen den Strich bis zum Lippenwinkel mit demselben Scherkopf wie oben scheren. Die Grenzlinie zum Bart soll eine schräge Linie vom äußeren Augenwinkel bis zum Lippenwinkel sein.

Von der Kehle bis zum Beginn des Bartes mit dem gleichen Scherkopf scheren.

Ohren: Mit dem 2-mm-Scherkopf von außen und innen scheren. Innen jedoch vom Ansatz bis zur Hälfte des Ohres etwas Ohrhaare stehen lassen.
Hals: Seitliche und untere Partie von der Kehle bis zur Brustbeinspitze und vom Oberarm bis zum Ellenbogen mit einem 2- oder 3-mm-Scherkopf, je nach Stärke des Unterhaares, scheren.
Rute: Untere Seite und die Afterregion mit der Schere kurz schneiden.

Zu trimmen wie folgt:
Hals: Vom Hinterhauptstachel angefangen gleichmäßig mittellang ohne Absatz zur geschorenen Seitenpartie trimmen.
Rumpf: Rücken und Lende ebenso trimmen, Schulter und seitliche Brust dagegen kürzer. Keine Absätze zu den geschorenen Partien. Die Seiten so weit abtrimmen, dass die Grenze zum langen Haar der Unterbrust und des Bauches in waagerechter Linie (breiteste Stelle) vom Ellenbogen bis zum Kniegelenk verläuft.
Rute: Vom Ansatz sich verjüngend der Decke anpassen; seitlichen Übergang zur kurz geschnittenen Unterseite herstellen, dabei eventuell mit der Effilierschere arbeiten.
Läufe: Hinterläufe von dem sehr kurz gehaltenen Gesäß in schräger Linie zum Hintermittelfuß ohne Winkelung trimmen. Oberschenkel so abtrimmen, dass sie nicht wie „Pluderhosen“ wirken.

Baden

Baden Sie den Scotti mit einem hautneutralen Terriershampoo und nicht zu warm, da die Haut vom Trimmen etwas gerötet sein könnte.

Nach dem Bad

Alle geschorenen Bereiche sauber nachscheren, bei den getrimmten Stellen das überstehende Haar entfernen.

Kopf: Ohrränder nachschneiden. Das längere Haar auf dem Oberkopf zwischen den Ohren mit der Effilierschere auf etwa 1 cm kürzen; der Schädel wirkt dadurch länger. Das Haar vor den Ohren (Kränzchen) noch etwas kürzer effilieren. Zwischen den Augen und auf dem Nasenrücken kurz trimmen oder effilieren. Barthaare nach vorn kämmen. Die Übergänge zum geschorenen Teil des Kopfes sollten ohne Absatz erfolgen. Haare vor den Augen entfernen; Augenbrauen ausdünnen; am äußeren Augenwinkel ganz kurz schneiden und zum inneren in schräger Linie länger werden lassen.

Rumpf: Beim Behang an Unterbrust und Bauch nur überstehende Spitzen entfernen. Er soll so lang wie möglich sein. Seitliche Brust so weit heruntertrimmen, dass die gewünschte Brustwölbung gut sichtbar wird.

Läufe: Vorderläufe so abtrimmen, dass das Haar den Ballenrand abschließt. An der Außenseite des Ellenbogens etwas kürzer, um den Eindruck „ausgedrehter Ellenbogen" zu vermeiden. Über dem großen Ballen leicht abschrägen. An den Hinterläufen überstehendes Haar kürzen ohne Absatz zum Sprunggelenk. Hintermittelfuß sollte gleichmäßig „rund" sein.

Pfoten: In Form schneiden; Krallen dürfen, Zehen sollen nicht sichtbar sein. Haare zwischen den Ballen entfernen.

Sealyham Terrier

Auszüge aus dem Standard

Allgemeines Erscheinungsbild:	Lebhafter Hund mit freien Bewegungen und von imponierender Substanz im kleinen Rahmen. Rechteckig, nicht quadratisch. Widerristhöhe bei Rüden und Hündinnen nicht über 31 cm.
Kopf:	Oberkopf leicht gewölbt und breit zwischen den Ohren. Kiefer lang und kräftig; rechtwinklig.
Ohren:	Von mittlerer Größe, leicht abgerundet und am Kopf anliegend.
Hals:	Angemessen lang, kräftig, bemuskelt.
Rumpf:	Von mittlerer Länge, gewölbte Rippen, Brustkorb breit und tief, Rückenlinie gerade.
Rute:	Aufgerichtet getragen.
Läufe:	Vorhand kurz, kräftig, gerade. Hinterhand sehr mächtig im Verhältnis zur Größe. Keulen tief und bemuskelt, gut gewinkelt.
Pfoten:	Kurz mit dicken Ballen.
Haarkleid:	Langes, hartes und drahtiges Deckhaar mit Unterwolle.
Farben:	Weiß oder Weiß mit gelben, braunen, blauen oder dachsfarbenen Markierungen am Kopf und an den Ohren.

Pflegeanweisung

Vor dem Bad

Kopf: Vom unteren Ohransatz bis zum äußeren Augenwinkel und Lippenwinkel mit dem 2- oder 3-mm-Scherkopf scheren.

Ohren: Mit dem 2-mm-Scherkopf von außen und innen scheren.

Hals: Seitliche und untere Halsseiten vom Ohransatz über Schulter und Oberarm bis zum Ellenbogengelenk und Vorbrust bis zur Brustbeinspitze sehr kurz mit dem 2- oder 3-mm-Scherkopf scheren.
Oberseite Hals vom Hinterhauptstachel bis zum Beginn des Widerristes mittellang mit dem 5- oder 7-mm-Scherkopf scheren oder trimmen.

Rumpf: Stufenloser Übergang vom Nacken in waagerechter Linie bis zum Rutenansatz. Seitliche Brust und Flanke kürzer und tief heruntertrimmen, um die gewölbte Brust zu betonen. Die Grenzlinie zum längeren Haar der Unterbrust soll sich in Höhe des Ellenbogengelenks befinden.
Sollte das Haar zum Trimmen zu weich sein, höchstens mit dem 5- oder 7-mm-Scherkopf arbeiten oder effilieren.
Um die Afterregion zum Sitzbeinhöcker und die Unterseite der Rute sowie beim Rüden den Penis mit dem 3-mm-Scherkopf scheren.

Nach dem Bad

Die kurz geschorenen Partien sauber nachscheren, überstehendes Haar an Decke, seitlicher Brust und Flanke entfernen (zupfen oder effilieren). Übergänge zum langen Haar von Unterbrust und Bauch schaffen; dort nur die Spitzen schneiden.

Rute: Oberseite wie das Haar der Decke trimmen, Übergang zur kürzeren Unterseite schaffen, Spitze abrunden.

Läufe: Vorderläufe sollen voll und rund (säulenförmig), senkrecht zum Boden stehend wirken. Am Übergang von Oberarm und Vorbrust darf kein Absatz sein.
Hinterläufe von der kurz gehaltenen Afterregion fast senkrecht bis zum Ballen herunterschneiden (keine Winkelung). Seitlich und vorn soll der Übergang vom kürzeren Haar der Decke ohne Absatz verlaufen; voll belassen, es dürfen aber keine „Pluderhosen" entstehen.

Pfoten: Nur ausputzen und die Form des Fußes umschneiden; die absatzlose Verbindung zum Beinhaar herstellen.

Kopf: Hinter dem Stirnbein beginnend, Oberkopf bis zum Hinterhauptstachel nachscheren. Wangenpartie vom Ohransatz über den äußeren Augenwinkel bis zum Lippenwinkel mit dem 2- oder 3-mm-Scherkopf scheren. Ohrränder sauber umschneiden.
Brauen nach vorn kämmen und diagonal vom äußeren Augenwinkel zum inneren so kurz schneiden, dass das Auge von der Seite sichtbar ist. Den mittleren Teil in den Bart mit einbeziehen; den Übergang vom geschorenen Teil des Vorgesichts und des Unterkiefers zum längeren Teil des Bartes mit der Effilierschere schaffen.
Im Profil soll die obere Linie des Kopfes vom Hinterhauptstachel bis zum Nasenspiegel eine waagerechte Linie bilden; das bedeutet also, dass das Haar der Brauen sehr voll und lang bleiben muss.

Setter

Alle Setter gehören zu den britischen oder irischen Vorstehhunden. Man unterscheidet English Setter, Gordon Setter, Irish Red Setter und Irish Red and White Setter.

Auszüge aus dem Standard

Für alle Setter gibt es einige Punkte, die in den Standards einheitlich festgelegt sind. Sie sind für die Pflege aller Setter richtungweisend und werden hier aufgeführt.

Allgemeines Erscheinungsbild:	Ausgewogener Körperbau, elegant, athletisch und harmonisch. Widerristhöhe je nach Rasse bei Rüden maximal 65 bis 68 cm, bei Hündinnen 62 bis 65 cm.
Kopf:	Trocken, mit klar markiertem Stopp und Hinterhauptbein. Behänge dicht am Kopf anliegend, tief angesetzt, von feinem seidigem Haar bedeckt.
Hals:	Mäßig lang, bemuskelt, leicht gewölbt, klar markiert am Kopfansatz.
Rumpf:	Die Oberlinie ist horizontal. Brust tief und nicht zu breit.
Rute:	Am Ansatz kräftig und zu einer feinen Spitze auslaufend. Die Befederung beginnt in der Nähe des Rutenansatzes und nimmt zur Spitze hin ab.
Haarkleid:	Kurz und fein am Kopf und an der vorderen Seite der Läufe. An allen anderen Partien des Körpers und der Läufe ist das Haar von mittlerer Länge, ziemlich glatt und möglichst nicht gelockt und gewellt. Die Fransen der Behänge sind lang und seidig; lang und fein sind die Fahnen an den Läufen. Das reichliche Haar am Bauch bildet eine schöne Franse, welche sich bis zur Vorbrust und zur Kehle ausdehnen kann. Alle Fransen müssen so glatt wie möglich sein.
Farben:	English Setter: Schwarz-Weiß, Orange-Weiß, Zitronenfarben-Weiß, Leberbraun-Weiß, Tricolor; Gordon Setter (siehe Foto): Schwarz mit kastanienrotem Brand; Irish Setter: Kastanienbraun; Weiß mit nicht durchbrochenen roten Flächen.

Pflegeanweisung

Vor dem Bad

Kopf: Vom Stopp bis zum Hinterhauptbein jedes überstehende Haar von Hand oder mithilfe eines Trimmsteins zupfen, dabei jeweils nicht zu viele Haare zwischen Daumen, Mittel- und Zeigefinger nehmen.

Ohren: Den Ohransatz effilieren, um das tief angesetzte, dicht am Kopf anliegende Ohr zu betonen. Wenn der Hund unter dem Leder einen sehr starken Haarwuchs hat, kann man auch dort das Haar mit der Effilierschere entfernen.

Hals und Rumpf: Zupfen oder trimmen oder totes Haar mit dem Trimmstriegel entfernen, sodass alle Partien des Körpers glatt, also nicht gelockt oder gewellt erscheinen. Unterwolle mithilfe eines Unterwollstriegels rauskämmen.

Pfoten: Unterseite mit einem 1-mm-Scherkopf vorsichtig ausscheren.

Läufe: Auch das Haar des Ober- und Unterschenkels soll genauso glatt und dicht anliegend sein wie das des Rumpfes, wird also auch gezupft oder getrimmt, wenn es nötig ist. Man kann das tote Haar sehr gut von dem anderen Haar unterscheiden, da es eine andere Struktur und keine gesunde, glänzende Farbe hat. Es ist eher stumpf und ausgeblichen.

Baden

Baden Sie den Setter mit einem tiefenreinigenden Vorwaschshampoo und danach mit einem pflegenden Langhaarshampoo.

Nach dem Bad

Das lange Haar an Ohren, Brust, Rute und Fahnen während des Föhnens mit der Bürste glattziehen. Überstehendes Haar an Kopf und Rumpf noch einmal nachputzen.

Läufe: An den Vorderläufen die Fahnen egalisieren, vom großen Ballen bis zur 5. Kralle mit quer gehaltener Schere kurz schneiden.
Bei den Hinterläufen am Gesäß angefangen die Fahnen mit der Effilierschere so ausdünnen, dass sie schön glatt herunterhängen.
Fahnen am Hintermittelfuß kürzen (soll senkrecht zum Boden stehen).

Pfoten: Unterseite mit einem 1-mm-Scherkopf vorsichtig ausscheren. Dabei auf die Schwimmhäute aufpassen. Auf der Pfote überstehendes Haar mit der Modellierschere so entfernen, dass die gewölbten Zehen gut zur Geltung kommen (Katzenpfote).

Shih Tzu

Auszüge aus dem Standard

Allgemeines Erscheinungsbild:	Robuster, überreich behaarter Hund mit deutlich arroganter Haltung und chrysanthemenartigem Gesicht. Widerristhöhe bei Rüden und Hündinnen nicht über 27 cm.
Kopf:	Hirnschädel breit und rund, weit zwischen den Augen. Schopfköpfig mit Haar, das reich über die Augen fällt. Starker Bart und Backenbart, wobei das auf der Nase aufwärts wachsende Haar einen deutlichen chrysanthemenhaften Effekt erzielt.
Ohren:	Groß, mit langem Ohrleder, fallend getragen. Ansatz leicht unterhalb der Schädelkrone; so stark behaart, dass sich Behang- und Nackenhaar zu vermischen scheinen.
Rumpf:	Die Körperlänge zwischen Widerrist und Rutenansatz ist größer als die Widerristhöhe; breite und tiefe Brust mit gutem Schluss, festem, geschlossenem Gebäude und strammem, geradem Rücken.
Läufe:	Vorderläufe kurz und bemuskelt mit kräftigen Knochen. Die Beine sollen in Anbetracht des Haarreichtums besonders massiv wirken. Hinterläufe kurz und bemuskelt mit kräftigen Knochen. Von hinten gesehen sollten sie gerade sein. Oberschenkel bemuskelt und gerundet.
Pfoten:	Fest und gut gepolstert, sie sollen bei reichlicher Behaarung groß wirken.
Rute:	Stark befedert und über den Rücken fröhlich getragen, hoch angesetzt.
Haarkleid:	Lang, dicht, nicht lockig mit mäßiger Unterwolle. Leichte Wellen erlaubt. Das Haar darf nicht die Sehfähigkeit und die Bewegung einschränken. Es wird empfohlen, das Haar auf dem Kopf ohne Verzierung hochzubinden.
Farben:	Alle Farben erlaubt.

Pflegeanweisung

Langes, gepflegtes Haar ist der Stolz des Shih Tzu. Um das zu erreichen, muss der Hund vom Besitzer täglich gekämmt werden. Leider kommen in den Salon sehr häufig Hunde, die nicht so gepflegt sind, wie es ihnen zustände.

Vor dem Bad

Jede Verfilzung muss entfernt werden, um nach dem Baden ein optimales Ergebnis erreichen zu können. Mit der Softbürste strichweise kleine Partien bis auf die Haut durcharbeiten und anschließend noch einmal mit dem mittleren Kamm durchkämmen. Sollte der Hund verfilzt sein und sich gegen das Ausbürsten wehren, weil er es nicht kennt, nehmen Sie z. B. einen Mat Breaker. Unter das Deckhaar fahren, in Wuchsrichtung den Filz durch vorsichtiges Kämmen aufschneiden, mit der Softbürste ausbürsten und mit einem feinen Kamm die letzten Knötchen entfernen.
Will man einen „pflegeleichten" Hund, der trotzdem wie ein Shih Tzu aussehen soll, dünnt man das Haar komplett mit der Effilierschere aus.

Baden

Der Shih Tzu wird wie jeder langhaarige Hund gepflegt und bekommt nach dem Bad noch eine Spülung oder eine Packung.

Nach dem Bad

Zum Föhnen nur eine Bürste mit Naturborsten oder eine Plastikbürste mit weit auseinander stehenden Noppen benutzen. Nach dem Föhnen Pfoten zwischen den Ballen ausputzen und so in Form schneiden, dass das lange Haar der Vorderläufe und des Hintermittelfußes nicht den Boden berührt. Beinhaar sowie das Haar des Rumpfes nur so weit kürzen, dass es „bodenlang“ bleibt.
Für den Top-Knot, der den gewölbten Hirnschädel betonen soll, am Stopp beginnend und über den Augen bis etwa zum äußeren Augenwinkel das Haar auf dem höchsten Punkt des Oberkopfes (dem „Top“) mit einem Gummi zusammennehmen. Um zu vermeiden, dass Haare ausgerissen werden, nicht zu dicht an der Kopfhaut ansetzen. Einfacher und dekorativer ist eine Plastikspange. Bart und Ohren sollen vom übrigen Haar kaum zu unterscheiden sein.

Auch wenn ein Shih Tzu auf Ausstellungen nur mit seinem langen Haarkleid präsentiert werden darf, gibt es durchaus auch die Möglichkeit, ihn zu scheren, was viele Besitzer gern in Anspruch nehmen, da sie mit der richtigen Pflege des Haarkleids überfordert sind. Welche Frisur für den Hund gewählt wird, bleibt den Wünschen der Besitzer überlassen. Der hier im Buch beschriebene Pet-Clip (siehe Seite 208ff.) ist eine Möglichkeit.

Welsh Terrier

Auszüge aus dem Standard

Allgemeines Erscheinungsbild:	Ausgewogen und kompakt; robuster, sportlicher Hund, der mit der „Englischen Jacke" (Fellzeichnung) ausgestattet ist. Widerristhöhe bei Rüden und Hündinnen nicht über 39 cm.
Kopf:	Relativ langer schmaler Kopf mit flacher Schädeldecke und kräftigem Fang. Geringer Stopp.
Ohren:	V-förmig, ziemlich hoch angesetzt und nach vorn fallend.
Rumpf:	Kurzer, gut aufgerippter Körper; tiefe Brust, nicht zu breite Front.
Hals:	Mäßig lang.
Läufe:	Gerade Vorderläufe. Sehr bemuskelte und gewinkelte Hinterhand.
Pfoten:	Klein und rund mit dicken Ballen.
Haarkleid:	Rauhaar; doppelte Behaarung, bestehend aus dichtem, hartem, schlichtem Deckhaar und weicher, kurzer und dichter Unterwolle.
Farben:	Schwarz mit Loh; Grizzle mit Loh. Kein Schwarz an den Zehen und unterhalb der Sprunggelenke.

Pflegeanweisung

Vor dem Bad

Kopf: Oberkopf hinter den Brauen beginnend kurz trimmen oder mit einem 3- oder 5-mm-Scherkopf scheren. Für die Wangenpartie und die Ohren den 2-mm-Scherkopf verwenden. Fang von der Kehle bis zu den Lippenwinkeln mit dem 3-mm-Scherkopf scheren.

Rumpf: Vorbrust von der Kehle bis zum Ellenbogengelenk und unter den Achseln sehr kurz trimmen oder mit einem 2- oder 3-mm-Scherkopf scheren.
Schulter und Oberarm bis zum Ellenbogengelenk sehr kurz trimmen oder, wenn das Haar zu weich ist, ebenso mit einem 2- oder 3-mm-Scherkopf scheren. Am Bauch den 3-mm-Scherkopf verwenden, die Flankenränder nachschneiden.

 Rute: Die Unterseite ebenso wie die Afterregion mit einem 3- oder 5-mm-Scherkopf scheren.

Unbedingt zu trimmen ist wie folgt:
Hals: Oberseite nicht zu kurz, um den leicht gebogenen Nacken zu betonen. Übergang zum geschorenen unteren Teil schaffen.

Rumpf: Vom Hals über den Widerrist und Rücken bis zur Rute etwas länger lassen und eine waagerechte Rückenlinie herausarbeiten.
Übergänge zur seitlichen Brustpartie schaffen. Die seitliche Brust kürzer trimmen, den Übergang zum längeren Haar der Unterbrust sehr tief setzen und damit das gut gewölbte Rippenschiff betonen.

Baden

Baden Sie den Hund mit einem speziellen hautfreundlichen Terriershampoo. Die Temperatur sollte nicht zu heiß sein, da die Haut vom Trimmen etwas gerötet sein könnte.

Nach dem Bad

Rumpf: Alle geschorenen Partien nachscheren; vom getrimmten Teil noch überstehendes Haar entfernen, dabei eventuell mit der Effilierschere arbeiten.

Rute: Den oberen getrimmten Teil mit dem unteren geschorenen so verbinden, dass kein Absatz entsteht. Das Rutenende möglichst stumpf und nicht spitz schneiden.

Kopf: Hinter dem Stirnbein beginnend den Oberkopf flach und den Übergang vom Hinterhauptstachel zum Hals ohne Absatz nachtrimmen. Von der kurz geschorenen Wangen- und Kehlpartie Übergang zum Bart mit dem Trimmmesser oder der Effilierschere schaffen.
Die Brauen etwa 1 cm breit stehen lassen und keilförmig vom äußeren zum inneren Augenwinkel so nachtrimmen, dass das Auge zu sehen ist.
Das Haar vor den Augen wegnehmen, aber unter den Augen nicht aushöhlen. Überstehendes Haar entfernen und dem Vorgesicht ein kastenförmiges Aussehen geben. Zwischen den Augen kurz schneiden.

Läufe: An den Vorderläufen nur überstehendes Haar kürzen, um ihnen ein säulenförmiges Aussehen zu geben. Übergang zum kürzeren Haar des Oberarms trimmen, am Ellenbogengelenk sehr kurz.
Bei den Hinterläufen die Rückseite von der Afterregion bis zum Kniegelenk ganz kurz schneiden oder trimmen, um die Winkelung zu betonen. Oberschenkel abtrimmen (es sollten keine „Pluderhosen“ entstehen), Übergänge zu Flanke und Kruppe ohne Absatz. Knie und Sprunggelenk betonen. Hintermittelfuß „rund“.

Pfoten: In Form schneiden; Krallen dürfen sichtbar sein; es soll keinen Absatz zwischen Pfote und Unterarm bzw. Unterschenkel geben.

West Highland White Terrier

Auszüge aus dem Standard

Allgemeines Erscheinungsbild:	Kräftig gebaut, tiefe Brust und weit nach hinten reichende Rippen. Kraftvolle Hinterhand mit muskulösen Läufen, die Kraft und Aktivität zum Ausdruck bringen. Widerristhöhe bei Rüden und Hündinnen ungefähr 28 cm.
Kopf:	Der Oberkopf ist leicht gewölbt und reichlich mit Haaren bewachsen; der Abstand vom Hinterhauptbein bis zu den Augen sollte geringfügig größer sein als die Länge des Vorgesichts.
Ohren:	Klein, aufrecht getragen; enden in einer feinen Spitze.
Hals:	Von passender Länge und sich nach unten ausreichend verdickend.
Rumpf:	Ein kompaktes, fast quadratisches Gebäude mit waagerechter Rückenlinie und breiter Lendenpartie. Brustkorb tief.
Läufe:	Hinterhand ist kräftig bemuskelt. In der Vorhand Schulter schräg, Oberarm senkrecht zum Boden stehend.
Pfoten:	Rund, kräftig, von kurzem, hartem Haar bedeckt.
Rute:	13 bis 15 cm lang und mit hartem Haar bedeckt.
Haarkleid:	Besteht aus langem, harschem Deckhaar von etwa 5 cm Länge und weicher, kurzer, pelzartiger Unterwolle.
Farben:	Weiß.

Pflegeanweisung

Vor dem Bad

Rumpf: Obere Linie komplett über die Kruppe und Widerrist mit einem stumpfen Trimmmesser oder Fingerkondomen abtrimmen. Als Hilfsmittel kann ein Trimmpuder verwendet werden. Schulter, Oberarm und Vorbrust etwas kürzer trimmen oder mit einem 4-mm-Scherkopf kürzen, ebenso die Oberseite vom Hals bis etwa ein Fingerbreit hinter dem Ohr sowie Vorderseite und Rückseite bis zu den Rosetten, die sich vorn rechts und links neben dem Brustbein befinden und hinten rechts und links unter dem Rutenansatz.

Seitlich am breitesten Punkt des Hundes nach unten in den längeren Behang auslaufen lassen. Flanke nicht betonen.

Hals: Oberseite siehe oben, seitlich kürzer werdend. Unterseite mit einem 3- oder 4-mm-Scherkopf V-förmig vom Brustbein bis zur Mitte der Kehlwanne (Warze mit borstigem Haar) gegen die Wuchsrichtung scheren. Achtung, die Haare vom Kopf ein Finger breit hinter dem Ohr ringsum nicht abscheren.

Rute: Vom Ansatz, der übergangslos in das volle Deckhaar der Kruppe übergehen soll, sich verjüngend bis zur Spitze kurz trimmen (Karottenrute). Die Unterseite kürzer trimmen. Da das Trimmen am unteren Teil der Rute für den Hund unangenehm ist, kann man die Effilierschere benutzen.

Baden

Baden Sie den Hund nach dem Trimmen mit einem hautfreundlichen Terriershampoo und nicht zu warm.

Nach dem Bad

Kopf: Verfärbte Maulwinkelecken können vorsichtig mit der Pfotenschere kurz abgeschnitten werden. Um der schwarzen, kleinen Nase mehr Ausdruck zu geben, schert man auch gern den Bereich zwischen Nase und Lippen mit einem 1- oder 2-mm-Scherkopf frei.

Das erste Drittel der Ohren mit dem 2-mm-Scherkopf von außen und innen scheren. Achten Sie hierbei darauf, die doppelte Ohrfalte nicht zu verletzen. Ohrränder mit einer kleinen Pfotenschere umranden. Vom Oberkopf so viel von der Spitzen abzupfen, dass die geschorenen Ohrspitzen herausragen und die Haare nicht überstehen. Entweder vorsichtig trimmen oder mithilfe eines Kammes immer wieder die oberen und seitlichen Partien abteilen, zwischen den Zeige -und Mittelfinger nehmen, nach oben ziehen und mit der Modellierschere auf die gewünschte Länge bringen. Es kommt auf die Dichte und die Beschaffenheit des Haares an.
Kämmen Sie die Seiten herunter und schneiden mit der gebogenen Haarschere bananenförmig bis unter das Ohr. Achtung, lange seitliche Ohrhaare unbedingt stehen lassen, da sonst die runde Form des Kopfes verloren geht.
Um die Augen und vor den Augen mit der Modellierschere so viel Haar entfernen, dass das Auge frei ist. Der Kopf soll von vorn gesehen rund wirken, die Linie verläuft ohne Absatz vom Bart zum Ohr. Da Haarstruktur und Kopfform in den wenigsten Fällen ideal sind, ist der Kopf individuell zu gestalten, aber immer sollte das typische Aussehen dieser Rasse erhalten bleiben. Im Zweifelsfall lieber etwas kürzer, weil es dann nicht so leicht auseinanderfällt. Zur Hilfe kann man die Haare auch mit einem Kamm etwas antoupieren, um dann dem typisch runden crysanthemenartigen Kopf den letzten Schliff zu geben.

Rumpf: Von allen getrimmten Partien vorsichtig die noch überstehenden Haare entfernen. Übergang von der Vorbrust zur Unterbrust und zu den Vorderläufen schaffen. An Unterbrust und Bauch nur überstehende Spitzen vorsichtig zupfen oder mit der Modellierschere einkürzen.

Rute: Nachtrimmen bzw. effilieren und in die Form einer Karotte bringen. Das Haar so kürzen, dass die Form deutlich zu erkennen ist.

Läufe: Vorn nur Spitzen kürzen, eventuell seitlich an den Ellenbogen etwas austrimmen, um den Eindruck von „ausgedrehten Ellenbogen“ zu vermeiden.
Bei den Hinterläufen den Übergang vom getrimmten Haar des Oberschenkels zum längeren Beinhaar schaffen, dabei eine „Pluderhose“ vermeiden. Gesäß sehr kurz trimmen, aber hinteres Schenkelprofil nicht betonen. Sollte das Haar sehr nach hinten abstehen, mit der Modellierschere von unten her etwas ausdünnen. Hintermittelfuß „rund“ wie bei den anderen Terriern, aber keinen Absatz zum längeren Beinhaar.

Pfoten: Nur an den Ballenkanten umschneiden und Haare zwischen den Ballen entfernen. Krallen dürfen sichtbar sein. Übergang vom kurz geschnittenen Haar über dem großen Ballen zum längeren Beinhaar schaffen.

Yorkshire Terrier

Auszüge aus dem Standard

Allgemeines Erscheinungsbild:	Ein lebhafter Zwergterrier, mutig und mit ausgeglichenem Wesen. Langes, glattes Haar; ein Scheitel reicht von der Nase bis zum Rutenende. Die Körperhaltung ist aufrecht und soll Wichtigkeit vermitteln. Die Körperkonturen sollten den Eindruck eines kräftigen und gut proportionierten Körpers vermitteln. Widerristhöhe nicht festgeschrieben; ideal 20 bis 24 cm.
Kopf:	Ziemlich klein und flach und nicht zu rund. Der Stopp darf nicht zu ausgeprägt sein und der Kopf darf nicht apfelförmig wirken. Die Augen sollten mittelgroß, dunkel und von einem wachsamen, intelligenten Ausdruck sein. Sie dürfen nicht vorstehen.
Ohren:	V-förmig und relativ klein, sollten in der Größe also zum Hund passen. Kipp- und Hängeohren sind nicht erlaubt.
Rumpf:	Körper kompakt; kurz, jedoch nicht quadratisch. Eine gerade Rückenlinie ist wichtig sowie eine gute Winkelung der Hinterhand, die für Schubkraft in der Bewegung sorgt.
Rute:	Reichlich behaart, wird etwas höher als in Rückenlage getragen.
Haarkleid:	Das Haar ist beim Yorkshire Terrier das wichtigste Rassemerkmal. Am Körper soll es mittellang sein. Ist der Hund älter, wird bei Zuchtschauen Bodenlänge gewünscht. Es darf aber niemals die Bewegung beeinträchtigen. Es soll wie Seide strukturiert sein, schwer, glatt und glänzend, also nie wellig. Nach dem Standard ist wolliges Haar ein gravierender Fehler. Das Haar wirkt dann stumpf und sehr oft bräunlich. Wolliges Haar ist auch durch unverhältnismäßige Üppigkeit zu erkennen.

Auszüge aus dem Standard

Farben:	Neben der Struktur des Haares ist die Farbabgrenzung sehr wichtig: Vom Hinterkopf bis zum Rutenende soll das Haar stahlblau sein. Das korrekte Stahlblau glänzt in der Sonne bläulich und darf nicht mit bräunlichem oder schwarzem Haar vermischt sein. Das Haar am Kopf leuchtet in einem satten Tan (Gelbgold, nie Rotgold!). Das tanfarbene Haar soll an der Wurzel dunkler sein als an der Haarspitze. Der Schopf am Kopf ist lang und ebenfalls von sattem Tan. Etwas dunkler ist das Tan an den Ohransätzen und am Fang. Auf keinen Fall darf sich das Tan des Kopfes über den Nacken hinaus ausdehnen, auch darf sich kein dunkles, rußiges Haar mit dem Tan vermischen. Das schattierte Tan sollte sich auch nie höher als bis zum Ellenbogen oder Kniegelenk ausdehnen.

Pflegeanweisung

Vor dem Bad

Beim Yorkshire Terrier ist jedes Haar kostbar! Das bedeutet, dass wirklich nichts geschnitten wird.

Sollte es dennoch nötig sein, weil die Besitzer es wünschen oder weil der Hund wolliges und verfilztes Haar hat, benutzen Sie nur die Modellierschere. Teilen Sie das Deckhaar ringsum mithilfe eines Kamms zwischen Zeige- und Mittelfinger in 2 cm breite Bahnen längs ab und kürzen die Spitzen mit der Modellierschere ein. Immer nach zwei bis drei Schnitten das abgeschnittene Haar auskämmen. So erzielen Sie schließlich einen „Babyeffekt".

Baden

Gebadet wird der Yorky mit einem Langhaarshampoo und danach mit einer Pflegespülung.

Nach dem Bad

Kopf: Für den Top-Knot das Haar auf dem Oberkopf in Höhe des äußeren Augenwinkels in waagerechter Linie über dem Hinterhauptstachel zusammennehmen und mit einem Gummi oder mit einer Spange befestigen.
Der größere Teil der Kunden möchte aber keine Spange. Dann können Sie dem Hund einen „Pony" schneiden. Mit der Effilierschere von der Wange zum Oberkopf so kurz schneiden, dass das Haar nicht über die Augen fällt. Den „Apfelkopf" betonen.

Ohren: Das erste Drittel der Ohren innen und außen mit dem 2-mm-Scherkopf scheren. Die Ränder mit einer Pfotenschere umschneiden.

Pfoten: Weil der kleine Fuß betont werden soll, wird er ausgeschoren. Das lange Beinhaar hochnehmen und auf dem Fuß bis über das erste Zehenglied mit dem 1- oder 2-mm-Scherkopf scheren. Zwischen den Ballen ebenso vorgehen. Das lange Beinhaar soll so über die Pfote fallen, dass sie nur beim Laufen sichtbar wird. Das ist der Standard.

Puppy- oder Sport-Clip

Eine weitere Möglichkeit für die Haarpflege beim Yorkshire Terrier ist der „Yorky-Pet-Clip“. Für einen Hund mit dem richtigen, das heißt seidigen Haar ist dieses Vorgehen ungeeignet. Aber es gibt Yorkies, die ein dichtes, wolliges Haar haben. Hier ist es möglich, eine „Westiefrisur“ zu kreieren.

Vor dem Bad

Rumpf: Effilieren oder vom Hals bis zum Rutenansatz, von der Vorbrust über die seitliche Brust und Flanke in Höhe des Ellenbogens mit einem 5-, 7- oder 9-mm-Scherkopf, je nach Haardichte, scheren. Beinhaar eventuell etwas kürzen, aber die endgültige Ausformung erst nach dem Bad vornehmen.
Das Bauchhaar passend zum Haar des übrigen Körpers mit der Modellierschere kürzen. Die Afterregion kurz schneiden.

Nach dem Bad

Kopf: Mit der Modellierschere von der Wange zum Oberkopf (Dach) das Haar so kurz schneiden, dass es nicht über die Augen fällt. Den „Apfelkopf“ betonen.

Ohren: Das erste Drittel der Ohren innen und außen mit dem 2-mm-Scherkopf scheren (auf die doppelte Ohrfalte aufpassen). Die Ränder mit der Pfotenschere vorsichtig umschneiden.

Rumpf: Das effilierte oder geschorene Haar noch einmal nacharbeiten; Unregelmäßigkeiten ausgleichen. Das Bauchhaar passend zum Haar des übrigen Körpers mit der Effilierschere kürzen.

Läufe: Den Übergang zum Beinhaar ohne Absatz, die Beine säulenförmig gestalten.
An der Hinterhand einen leichten 45°-Teller vom Ballen zum Sprunggelenk schneiden.

Pfoten: Passend zum Beinhaar rund in Form schneiden.

Zwergspitz/Pomeranian

Auszüge aus dem Standard	
Allgemeines Erscheinungsbild:	Der Pomeranian ist die kleinste Variante des Deutschen Spitz. Alle Spitze bestechen durch ein schönes, abstehendes Haarkleid mit reichlich Unterwolle. Auffällig sind der mähnenartige Kragen, die buschig behaarte Rute, der fuchsähnliche Kopf und die spitzen, kleinen Stehohren. Widerristhöhe bei Rüden und Hündinnen 21 cm +/- 3 cm.
Kopf:	Mittelgroßer Kopf verschmälert sich keilförmig bis zur Nasenspitze. Stopp mäßig ausgebildet bis betont.
Ohren:	Hoch angesetzt, nahe beieinander und dreieckig zugespitzt. Werden immer aufrecht getragen.
Rumpf:	Obere Linie beginnt an der Spitze der Stehrohren und geht in sanftem Bogen in den kurzen, geraden Rücken über.
Hals:	Mittelang ohne Wammenbildung und vom mähnenartigen Haarkragen bedeckt.
Läufe:	Gerade, parallel, vorn eher breite Front. Üppig behost.
Pfoten:	Klein und rund mit gut aneinander liegenden und gewölbten Zehen (Katzenpfoten).
Haarkleid:	Langes, gerades, abstehendes Deckhaar und kurze, dicke, wattige Unterwolle. Nicht gewellt, gekräuselt oder zottig, auf dem Rücken nicht gescheitelt.
Farben:	Schwarz, Braun, Weiß, Orange, Graugewolkt, andersfarbig.

Der Pomeranian wird wie alle anderen Spitze auch weder geschoren noch getrimmt. Dafür erfordert das lange, dichte Fell eine besondere Pflege, damit es so aussieht wie im Standard erwünscht.

Pflegeanweisung

Vor dem Bad

Entfernen Sie die Unterwolle mit einer weichen Unterwollbürste, lassen Sie aber etwa 20% der Unterwolle übrig. Rasieren Sie die Pfotenunterseite mit einem 1-mm-Scherkopf sauber aus, reinigen Sie die Ohren und schneiden Sie die Krallen.

Baden

Baden Sie den Pomeranian erst mit einem Vorwaschshampoo und anschließend mit einem Unterwollshampoo. Benutzen Sie noch eine feuchtigkeitsspendende Kur und lassen diese etwa 10 Minuten einwirken. Spülen Sie die Kur gründlich aus.
Setzen Sie dem Hund einen Hoodie auf und blowen das Fell vollständig trocken.
Bürsten Sie noch einmal alles gründlich durch.

Nach dem Bad

Prüfen Sie mit einem grob gezahnten Kamm, ob Sie durch das Fell gut durchkommen. Wenn dies der Fall ist, ist die Unterwolle gut entfernt.

Kopf: Am Kopf wird beim Spitz nichts geschnitten.

Ohren: Die Ohren werden an der Spitze sehr kurz bis zum Ohrenansatz rund geschnitten.

Rumpf: Heben Sie die Rute nach oben auf den Rücken und schneiden den Bereich um den After mit einem Speedcutter rundlich bis nach unten zum Sprunggelenk. Die Rückenlinie schneiden Sie leicht ansteigend von hinten nach vorn nach. Schneiden Sie dann die Seiten leicht nach und runden diese nach oben ab. Die Untere Linie wird zu einem umgedrehten V geschnitten; dies beginnt am Vorderbein und geht von dort aus bis zur Mitte der unteren Linie und von dort aus wieder nach unten zum Hinterbein. Schneiden Sie dies mit dem Speedcutter. Die Brusttiefe wird sehr betont. Schneiden Sie dies mit einer gebogenen Schere vor und mit dem Speedcutter sauber nach.

Pfoten: Runden Sie die Pfote mit einer Pfotenschere ein. Nehmen Sie dann die Pfote in die Hand und kämmen die Haare auf der Pfote nach oben. Nun schneiden Sie mit einer kleinen gebogenen Schere die Haare von unten nach oben rund zu einer aufgeknöchelten Katzenpfote.
Die Haare am Teller (Hawks) können mit einer gebogenen Schere von oben nach unten eingerundet werden.

Pet-Clip für verschiedene Rassen

Zum Schluss sei noch ein spezieller Schnitt vorgestellt, der einfach und vielseitig eingesetzt werden kann: der Pet-Clip. Hiermit ist ein pflegeleichter Schnitt gemeint, der oft von den Hundehaltern gewünscht wird. Es lässt sich bei vielen Rassen anwenden, wie z.B. bei Malteser, Havaneser, Shih Tzu, Bolonka Zwetna, Coton de Tuléar, Lhasa Apso, Löwchen und Mischlingen wie z. B. Maltipoo, Cockerpoo, Golden Doodle und vielen mehr.

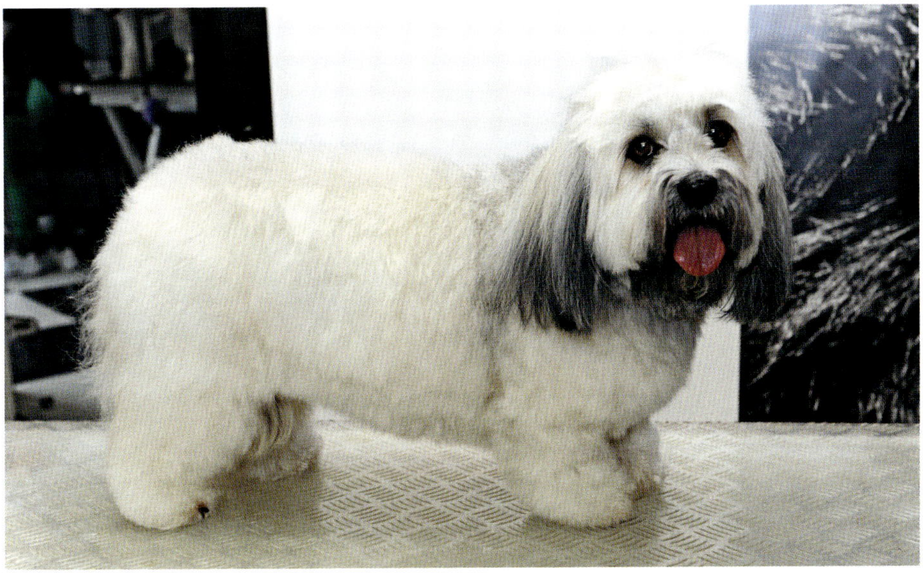

Auf den Fotos (Seite 207) sehen Sie einen Havaneser vor dem Schneiden und nach dem Schneiden mit einem Pet-Clip nach Wunsch. Hinweise zu den richtigen Handgriffen und passende Abbildungen dazu finden Sie im vorderen Teil des Buches.

Pflegeanweisung

Vor dem Bad

Erstes Gebot ist es, den Hund niemals kahl zu scheren! Sollte er noch so verfilzt sein, gibt es immer eine Möglichkeit, wenigstens am Kopf und an den Beinen etwas Haar stehen zu lassen. So kann man den Halter am besten dazu veranlassen, den Hund zu pflegen und regelmäßig mit ihm zum Hundesalon zu kommen.

Denn ist der Hund kahlgeschoren, gibt es zuerst nichts zu kämmen, und wenn das Haar so lang geworden ist, dass es gekämmt werden müsste, ist es schon wieder verfilzt. Richten Sie sich bei Ihrer Arbeit nach Haarstruktur und Gebäude.

Baden

Baden Sie den Hund mit einem tiefenreinigenden Vorwaschshampoo und je nach Haartyp mit einem passenden Pflegeshampoo.
Zum Blowen und Föhnen empfiehlt es sich, ein Hoodie als Gehörschutz zu verwenden. Der Hund sollte vollständig trocken, glatt und filzfrei sein.

Nach dem Bad

Pfoten: Die Unterseite mit dem 1-mm-Scherkopf vorsichtig ausscheren. Dabei die Haare von der Seite stehen lassen. Mit der gebogenen Schere runde Katzenpfoten schneiden. An den Hinterbeinen einen 45°-Teller vom Ballen zum Sprunggelenk schneiden und den Rest der Pfote nach oben abrunden. Achtung, keine Hasenpfoten schneiden!

Intimbereich: After und Geschlechtsteil mit einem 2- oder 3-mm-Scherkopf scheren. Bei empfindlichen Hunden lieber mit der Pfotenschere vorsichtig einkürzen.

Rücken (Topline): In der Regel nimmt man für den Körper einen kürzeren Scherkopf als für die Beine. Um dem Hund eine gewisse Eleganz zu verleihen, sollten die Beine immer etwas voller bleiben.
Scheren Sie mit einem Snap-on-Aufsatz oder einem F-Scherkopf Ihrer Wahl beginnend ein Finger breit hinter dem Ohr in kurzen langsamen Zügen in Wuchsrichtung etwa zwei Bahnen breit über den Rücken bis zur Hinterhand-Winkelung. Diese erkennt man, wenn man das Bein anhebt.

Hals: Der Halsausschnitt kann gern mit einem etwas kürzeren Scherkopf vom Kehlkopf bis zum Brustbein geschoren werden.

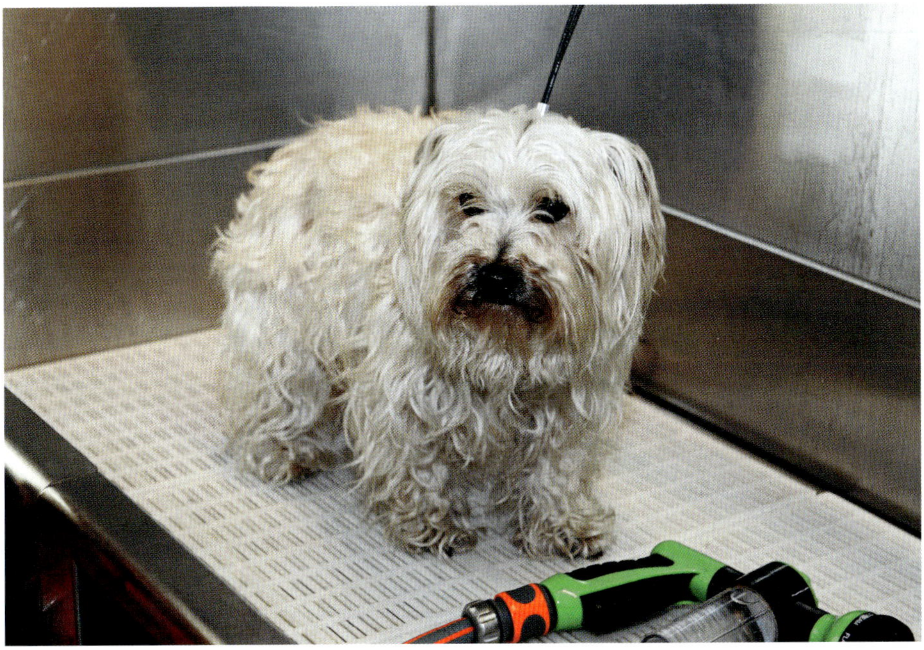

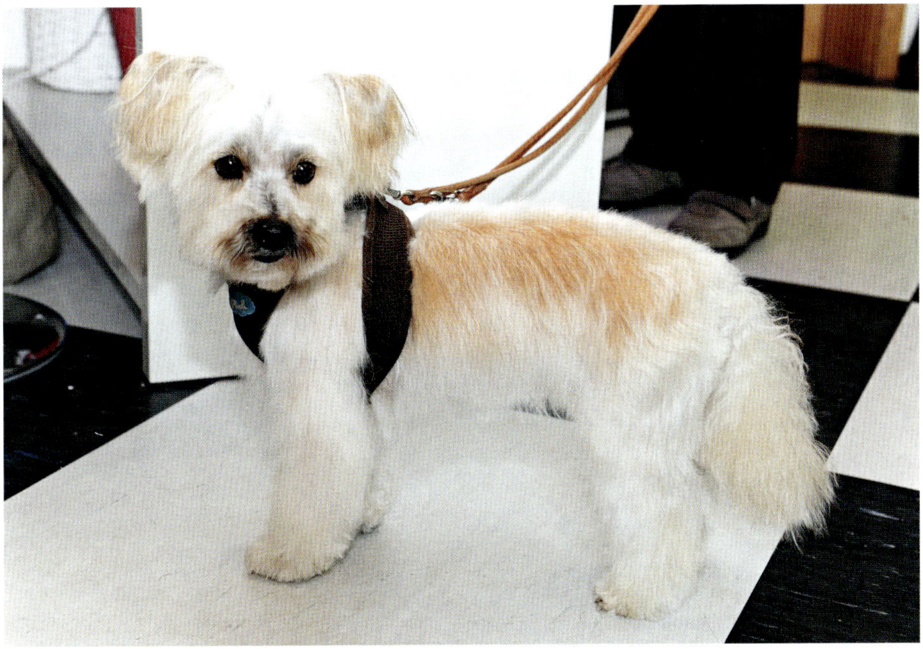

Kaum zu erkennen: Derselbe Hund vor dem Bad und dann ausgehfertig mit neuem Pet-Clip!

Rumpf: Lassen Sie die Seiten auf der breitesten Stelle des Hundes auslaufen und blenden diese mit einer Modellierschere ein. Bei Kunden, die keinen Bauchbehang wünschen, kann hier auch alles mit der gleichen Scherkopflänge wie am Rücken kurz geschoren werden. Darauf achten, dass man nur bis zum letzten Rippenbogen schert, da sonst die untere Linie und damit auch der Hund optisch zu lang wirkt. Vom Oberschenkel nichts wegscheren, da sonst „Flügelbeine“ entstehen. Vorbrust und Schulter sollen ins Vorderbein einlaufen und es sollte ein harmonischer Übergang entstehen.

Läufe: Nehmen Sie einen längeren Aufsteckkamm Ihrer Wahl und scheren die Beine. Aufpassen, dass die Sehne hinten am Sprunggelenk nicht in dem Aufsatz hängen bleibt! Stellen Sie sich die Haare mithilfe eines Texturizer-Sprays und einem Kamm auf und schneiden alle abstehenden Haare mit einer geraden Schere nach.

Untere Linie (Underline): Schneiden Sie am höchsten Punk der unteren Linie, dem Tuck-Up, rund, sodass keine Zipfel mehr stehen, und folgen der unteren Linie Richtung Ellenbogen abwärts und runden den Brustkorb ab.

Kopf: Schneiden Sie mit der Modellierschere den Nasenrücken und unter den Augen etwas frei. Zwischen Nase und Lippen kann je nach Wunsch mit einem 1- oder 2-mm-Scherkopf geschoren werden. Achten Sie aber darauf, dass die Vibrissen nicht gekürzt oder entfernt werden. Braune Maulwinkelecken kann man mit dem 1-mm-Scherkopf oder mit der Pfotenschere vorsichtig abschneiden. Halten Sie den Fang auf einer Seite fest, kämmen alle Haare nach unten und schneiden auf beiden Seiten bananenförmig und parallel zum Boden den Bart bis Richtung Ohr auf die Länge, die zum allgemeinen Schnittbild passt. Um besser schneiden zu können, können die Ohren auch mit einer Klammer oder einem Gummi nach oben befestigt werden. Achten Sie darauf, dass keine Haare am Kinn stehen bleiben. Die Haare rechts und links von der Nase können nach vorn gekämmt und abgeschrägt werden. Dies lässt den Kopf etwas runder und nicht zu kastenförmig wirken. Den Oberkopf kann man sternförmig mit einem längeren Snap-on-Aufsatz scheren und in die Seiten auslaufen lassen. Kämmen Sie anschließend das übrige Dach nach vorn und schneiden mit einer gebogenen Schere die Augen im Rundbogen frei. Um einen offenen, freundlichen Blick zu bekommen, kann man die äußern Augenwinkel mit der Modellierschere etwas einkürzen.

Es gibt noch viele andere Möglichkeiten für die Fellpflege, vor allem bei Mischlingen, aber auch verschiedenen Rassehunden. Der Fantasie sind da keine Grenzen gesetzt. Soll das Haar lang bleiben und nur ausgedünnt werden, verwenden Sie die Effilierschere. Und vergessen Sie nicht, die Pfoten auszuputzen und rund zu schneiden.

Danke

An dieser Stelle möchte ich mich ganz herzlich bei allen bedanken, die bei der Entstehung dieses Buches mitgewirkt haben.

Ein großes Dankeschön geht an Veronika König, die mich dazu ermutigt hat, das Buch zu schreiben und mir den Kontakt zum Verlag Oertel+Spörer vermittelt hat. Ohne sie wäre das Buch nicht entstanden.

Der größte Dank geht an meinen Mann Ralf und meine Kinder Kim, Josefine und Finn, die mich, um das Buch fertigstellen zu können, viele Stunden entbehren mussten. Ohne euch wäre das nicht möglich gewesen.

Ganz lieben Dank an meine Ansprechpartnerin des Verlags, Frau Dr. Gabriele Lehari, die viele Stunden damit verbracht hat, meine Texte Korrektur zu lesen, Fotos in und außerhalb meiner Groomerakademie gemacht hat und mir stets beratend zur Seite stand.

Ein ganz besonderer Dank geht an meine Tochter Kim, die in meiner Schule als Ausbilderin arbeitet und mich bei den Texten, der Auswahl der Bilder und meinen Ideen stets unterstützt hat.

Vielen Dank auch an Lindsey Dicken, Foto Team Roberto und Pia Blatter für die tollen Bilder sowie an meine Mitarbeiterin Tanja, die beim Erstellen der Fotos im Salon die Vierbeiner immer „ins rechte Licht" gerückt hat.

Kontaktadresse der Autorin:
Hundesalon FINO
Leibnitzstraße 1, 72202 Nagold, kontakt@hundesalon-fino.de
Tel.: +49 7452 - 816317, Terminanfragen per Whats App 0160/8085819